主编／黄 辉

TUMU GONGCHENG
SHIYAN

土木工程

试验

高等教育『十三五』精品规划教材

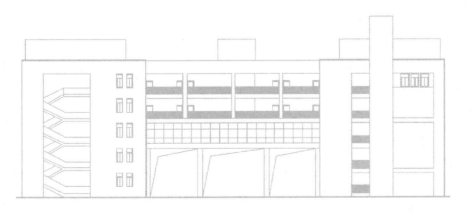

天津大学出版社
TIANJIN UNIVERSITY PRESS

图书在版编目(CIP)数据

土木工程试验 / 黄辉主编. — 天津：天津大学出版社,2020.4

高等教育"十三五"精品规划教材

ISBN 978 - 7 - 5618 - 6468 - 5

Ⅰ. ①土… Ⅱ. ①黄… Ⅲ. ①土木工程 - 试验 - 高等学校 - 教材 Ⅳ. ①TU - 33

中国版本图书馆 CIP 数据核字(2019)第 154271 号

出版发行	天津大学出版社	
地　　址	天津市卫津路 92 号天津大学内(邮编:300072)	
电　　话	发行部:022-27403647	
网　　址	www. tjupress. com. cn	
印　　刷	廊坊市海涛印刷有限公司	
经　　销	全国各地新华书店	
开　　本	185mm × 260mm	
印　　张	8	
字　　数	206 千	
版　　次	2020 年 4 月第 1 版	
印　　次	2020 年 4 月第 1 次	
定　　价	36.00 元	

前　　言

　　本书根据应用型本科高等院校土木工程类教学培养方案的要求编写,全面系统地介绍了土木工程试验的基本理论与方法。编者依据工地常规试验的要求,参考最新的试验标准,结合云南工商学院的具体试验教学过程和试验设备条件,编写了本书。该书可供土木工程专业的学生在试验课上使用,也可供试验员进行岗位培训、试验实训时参考。

　　本书内容可分为两部分:第一部分为第 1~5 章,介绍了各个土木工程试验的试验原理、试验仪器、试验准备、试验步骤及试验结果分析处理,有些试验后面还附有实际工程中的一些试验报告和检测报告,供学生参考;第二部分为第 6~8 章,介绍了 3 个实训。学生学完这门课后,能够和实际工程对接。

　　本书共分 8 章,主要内容包括绪论、水硬性胶凝材料试验、土工试验、水泥混凝土试验与检测、钢筋试验与检测、现浇钢筋混凝土构件制作实训、土方调配及方格网实训、实心砖墙角实砌实训。

　　在编写过程中,编者参考了很多文献资料,得到了许多同志的帮助,在此向这些文献资料的作者和给予帮助的同志表示衷心的感谢。由于时间仓促,书中疏漏之处在所难免,恳请各位读者批评指正,以便再版时修订。

编者

2020 年 1 月

目　　录

第1章 绪论

本章要点

本章主要介绍建筑工程试验的重要性,建筑工程试验的任务,国家对建筑工程试验的相关规定以及学校试验室的相关管理制度。

本章学习目标

掌握建筑工程试验的任务,国家对建筑工程试验的相关规定;了解建筑工程试验的重要性以及学校试验室的相关管理制度。

本章难点

建筑工程试验的任务,国家对建筑工程试验的相关规定。

1.1 建筑工程试验概述

一、建筑工程试验的重要性

建筑工程试验与检测是工程施工的一个重要组成部分,也是工程施工质量控制和竣工验收评定工作中不可缺少的一个主要环节。通过试验、检测能充分利用当地的原材料,能迅速推广应用新材料、新技术、新工艺,能用定量的方法科学地评定各种材料和构件的质量,能合理控制并科学地评定工程质量,因此工程试验与检测工作对于提高工程质量、加快工程进度、降低工程造价、推动工程施工技术进步起着极为重要的作用。工程试验与检测是一门正在发展的新学科,它融试验与检测基本理论、测试操作技能及工程相关学科基础于一体,是工程参数设计、施工质量控制、施工验收评定、养护管理决策及各种技术规范和规程修订的主要依据。

二、建筑工程试验的任务

建筑工程试验的任务:按照国家和部门的有关技术标准及时对工程原料、半成品及构筑物实体准确地进行必要的检测与试验,当对有出厂合格证或其他技术证明的原材料持有疑问时,要进行抽样试验,检查施工中所用原材料是否经济合理,努力推行有关的新技术、新工艺、新材料,推动建筑行业的技术进步,进行探讨性的理论研究,验证已有理论的正确性。

三、国家对建筑工程试验的相关规定

工程试验得到的数据是评价、选择材料的依据,为了得到准确的结果,必须使用标准的试验方法、符合国标规定的检测试验设备,同时须制定严密的质量保证体系,以保证检测试验结果在不同的试验室或同一试验室前后多次试验时,有一定的可比性。《中华人民共和国标准化管理条例》中规定:"一切工程建设的设计和施工,都必须按照标准进行,不符合标准的工程设计不得施工,不符合标准的工程不得验收。"因此,从一开始我们就必须养成良好的习惯,以严谨认真的科学态度对待每项试验、每个检测试验数据,认真如实地填写试验记录并按规程、规范规定的方法评定试验结果,严肃认真地填写检测报告,试验方法必须遵循有关标准的规定。我国有国家标准、行业标准、地方标准、企业标准,企业标准的各项质量指标均不得低于同类产品的国家标准;国际上有国际标准化组织(ISO)推荐的标准以及各国标准。标准是随着科学进步不断更新的,在工作过程中须注意新标准颁发的情况。

1.2　试验须知

一、做好试验前的准备工作

(1)按每次试验的预习要求,认真预习试验指导书,复习有关理论知识,明确试验目的,掌握试验原理,了解试验步骤和方法。

(2)对试验中所用到的仪器、设备及试验装置等,应了解其工作原理,对其操作注意事项应特别重视。

(3)必须清楚地知道每个试验需记录的数据及其处理方法,事先准备好记录表格。

(4)除试验指导书中规定的试验方案外,学生也可以根据试验目的、试验原理自己设计试验方案,经试验指导教师审核后进行试验。

(5)试验小组各成员要明确分工,对自己负担的试验工作做到心中有数,使试验工作顺利完成。

二、严格遵守试验的规章制度

(1)按课程表规定的时间准时进入试验室,保持室内整洁、安静。

(2)未经试验指导教师同意,不得动用试验室内的机器、仪器等一切设备。

(3)试验时,应严格按照操作规程操作试验仪器、设备,如仪器、设备发生故障,应及时报告,不得擅自处理。

(4)试验结束后,应将所用仪器、设备擦拭干净,并恢复到正常状态。

(5)认真接受试验指导教师对预习情况的抽查,注意听教师对试验内容的讲解。

(6)试验时,要严肃认真、相互配合,认真仔细地按试验步骤、方法逐步进行。

（7）在试验过程中，要密切注意观察试验对象，记录下全部所需测量的试验数据。

（8）试验是培养学生的动手能力的一个重要环节，小组成员虽有一定的分工，但要及时轮换，每个学生都应自己动手完成所有的试验环节。

（9）学生自己设计的试验方案，在完成规定的试验项目后，经指导教师同意方可进行。

（10）试验原始记录需交给试验指导教师审阅签字，若不符合要求应重做。

三、试验报告的一般要求

试验报告是对所做试验的综合反映，通过试验报告的书写，能培养学生准确有效地用文字表达试验结果的能力。因此，要求学生在动手完成试验的基础上，用自己的语言文字扼要地叙述试验目的、原理、步骤和方法，所使用的设备和仪器的名称、型号、精度及量程，同时能进行数据计算，分析试验结果，就试验中和理论上的一些问题进行探讨分析，独立地写出试验报告，并做到字迹工整、绘图清晰、表格简明。

第2章　水硬性胶凝材料试验

本章要点

　　本章主要介绍水硬性胶凝材料——水泥的体积安定性检测试验以及水泥凝结时间测定试验。

本章学习目标

　　掌握水泥体积安定性检测试验的方法、目的以及步骤,了解水泥凝结时间测定试验。

本章难点

　　水泥体积安定性检测试验。

　　水泥是主要的土木工程材料之一,用途广,用量大,广泛应用于工业与民用建筑、道路、桥梁、水利等工程中。作为胶凝材料,水泥可与骨料、水制作成各种混凝土,也可配制各种砂浆。

　　水泥属于水硬性胶凝材料,品种很多,按用途和性能分为通用水泥、专用水泥和特性水泥三大类。用于一般土木工程的水泥为通用水泥,如硅酸盐水泥、矿渣硅酸盐水泥等;具有专门用途的水泥称为专用水泥,如道路水泥、砌筑水泥等;具有某种突出性能的水泥称为特性水泥,如快硬硅酸盐水泥、铝酸盐水泥等。按组成水泥分为硅酸盐系水泥、铝酸盐系水泥、硫铝酸盐系水泥,其中,硅酸盐系水泥的产量最大,应用最广泛。

2.1　水泥体积安定性检测试验

　　水泥的体积安定性(有时简称安定性)是水泥在凝结硬化过程中体积变化的不均匀性。体积安定性不良会使结构产生膨胀性裂缝,降低建筑物的质量,甚至引起严重的质量事故。

　　体积安定性不良的原因主要有以下三种:熟料中所含的游离氧化钙过多、熟料中所含的游离氧化镁过多或掺入的石膏过多。熟料中所含的游离氧化钙和氧化镁都是过烧的,熟化很慢,在水泥硬化后才进行熟化,这是一个体积膨胀的化学反应,会引起不均匀的体积变化,使水泥石开裂。当石膏掺量过多时,在水泥硬化后,它会继续与固态的水化铝酸钙反应,生成高硫型水化硫铝酸钙,体积约增大至1.5倍,也会引起水泥石开裂。

一、试验目的

本试验可检定游离氧化钙引起的水泥体积变化,以判断水泥体积安定性是否合格。国家标准规定:水泥体积安定性经沸煮法检验,氧化钙(CaO)的含量必须合格;水泥中氧化镁(MgO)的含量不得超过 5.0%,如果水泥经压蒸安定性试验合格,则水泥中氧化镁的含量允许放宽到 6.0%;水泥中三氧化硫(SO_3)的含量不得超过 3.5%。

体积安定性的检测方法有两种,即雷氏法和试饼法,雷氏法为标准法,试饼法为代用法,有争议时以雷氏法为准。

二、试验原理

(1)雷氏法(标准法):观测由两个指针的相对位移指示的水泥标准稠度净浆的体积膨胀程度。

(2)试饼法(代用法):观测水泥标准稠度净浆试饼的外形变化程度。

三、试验仪器

(1)沸煮箱:有效容积约为 410 mm × 240 mm × 310 mm,算板与加热器之间的距离应大于 50 mm,箱的内层由不易锈蚀的金属材料制成。沸煮箱能在(30 ± 5)min 内使箱内的试验用水由室温升至沸腾状态并保持 3 h 以上,在整个试验过程中不需补充水。

(2)玻璃板:2 块,尺寸约为 100 mm × 100 mm。

(3)雷氏夹:由铜材制成,先将一个指针的根部悬挂在一根金属丝或尼龙丝上,然后将另一个指针的根部挂上质量为 300 g 的砝码,此时,两个指针的针间距离增加值应在(17.5 ± 2.5)mm 的范围以内,即 $2x = (17.5 + 2.5)$mm,其中,x 表示雷氏夹指针挂 300 g 的砝码时,一个指针偏移的距离,见图 2.1.1 和图 2.1.2。当去掉砝码后,针间距离能恢复至挂砝码前的状态。

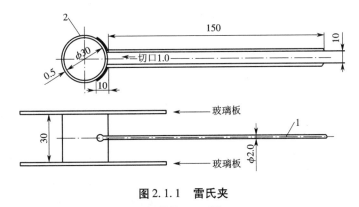

图 2.1.1　雷氏夹

1—指针;2—环模

(4)量水器、天平、湿气养护箱。

(5)雷氏夹膨胀值测定仪:见图 2.1.3,标尺最小刻度为 1 mm。

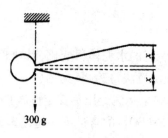

图 2.1.2　雷氏夹受力图

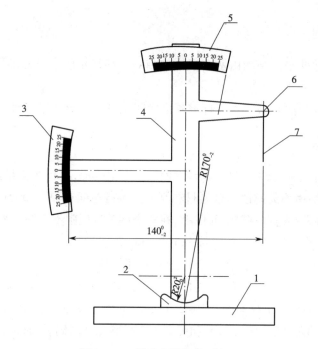

图 2.1.3　雷氏夹膨胀值测定仪

1—底座;2—模子座;3—测弹性标尺;4—立柱;5—测膨胀值标尺;6—悬臂;7—悬丝

四、试验步骤

1. 雷氏法(标准法)

(1)测定前的准备工作:每个试样需成型 2 个试件,每个雷氏夹需配备质量为 75 ~ 85 g 的玻璃板 2 块,凡与水泥净浆接触的玻璃板和雷氏夹,内表面都要稍稍涂上一层油。

(2)雷氏夹试件的成型:将预先准备好的雷氏夹放在已稍涂油的玻璃板上,并立即将已制好的标准稠度净浆一次性装满雷氏夹,装浆时一只手轻轻扶持雷氏夹,另一只手用宽约 10 mm 的小刀插捣数次,然后抹平,盖上稍涂油的玻璃板,接着立即将试件移至湿气养护箱内养护(24 ± 12)h。

(3)沸煮:调整好沸煮箱内的水位,使水位在整个沸煮过程中都超过试件,不需中途添补试验用水,同时能保证水在(30 ± 5)min 内沸腾。拿去玻璃板取下试件,先测量雷氏夹指针尖端间的距离(A),精确到 0.5 mm,接着将试件放在沸煮箱水中的试件架上,指针朝上,然后在(30 ± 5)min 内加热至沸腾并恒沸(180 ± 5)min。

(4)结果判定:沸煮结束后,立即放掉沸煮箱中的热水,打开箱盖,待箱体冷却至室温,取出试件进行判定。测量雷氏夹指针尖端间的距离(C),精确至 0.5 mm,当 2 个试件煮后增加距离($C - A$)的平均值不大于 5.0 mm 时,即认为该水泥的安定性合格。当 2 个试件的($C - A$)值相差超过 4.0 mm 时,应用同一样品立即重做一次试验。再如此,则认为该水泥的安定性不合格。

2. 试饼法(代用法)

(1)将制备好的水泥标准稠度净浆取出一部分,平均分成 2 份,团成球状,放在事先涂有一层黄油的玻璃板上,在桌面上轻轻振动,并用小刀由外向里抹动,使水泥浆形成一个直径为 70 ~ 80 mm,中心厚约 10 mm 而边缘渐薄的圆形试饼,按雷氏法中的方式养护(24 ± 2)h。

(2)从玻璃板上取下试饼,先观察试饼外观有无缺陷,当试饼无开裂、翘曲等缺陷时,将其放在沸煮箱的试件架上,然后按与雷氏法相同的方法进行沸煮。

(3)结果判定:目测未发现裂缝,用直尺检查也没有弯曲的试饼,可判定为安定性合格;反之为不合格。当 2 个试饼的结果矛盾时,判定该水泥的安定性不合格。

五、试验操作及要求

按照上述内容,认真完成试验并填写表 2.1.1。

表 2.1.1　**试验记录表**

班级		姓名		学号		指导教师	
试验原理							
试验仪器							
试验步骤 （简述）							
试验结果 与分析	试验结果：			分析结论：			
教师指 导意见							

附件 2.1　水泥安定性试验报告

陕西省建筑工程施工质量验收技术资料统一用表

工程质量控制资料表

建筑与结构原材料、试件试验							
报告编号： 报告日期：		**水泥安定性试验报告**					
工程名称				总承包施工单位			
建设单位				委托单位			
取样人		送样人		取送样见证人		委托书号	(2012-06) - SNA-00210
工程使用部位		基础及主体		生产厂家			
品种及等级	出厂批号	出厂日期	代表批量	取样地点	包装	本复检引用标准	
P·C32.5					袋装	GB/T 17671—1999 GB 175—2007	
主要检验仪器			沸煮箱、钢直尺、标养箱				
检验结果							
安定性描述：				煮沸情况图标： 			
结论							
负责人： 年　月　日		审核： 年　月　日		试验： 年　月　日		备注： 年　月　日	
试验单位地址：				邮编：		电话：	

2.2 水泥凝结时间测定试验

一、试验目的

（1）了解控制水泥凝结过程的重要性。

（2）了解水泥标准稠度净浆凝结时间测定的国家规范《水泥标准稠度用水量、凝结时间、安定性检验方法》（GB/T 1346—2011）和《水泥净浆搅拌机》（JC/T 729—2005）。

（3）测定水泥标准稠度净浆凝结时间。

二、试验原理

（1）水泥凝结：水泥和水以后，发生一系列物理与化学变化，随着水泥水化反应的进行，水泥浆体逐渐失去流动性、可塑性，进而凝固成具有一定强度的硬化体，这一过程称为水泥凝结。水泥凝结时间在工程中通常指标准稠度净浆的初凝时间和终凝时间。

（2）凝结反常：有两种不正常的凝结现象，即假凝（粘凝）和瞬凝（急凝）。①假凝的特征：水泥在和水后的几分钟内就发生凝固，且没有明显的温度上升现象。②瞬凝的特征：水泥和水后浆体很快凝结成为一种很粗糙、和易性差的混合物，并在大量放热的情况下很快凝固。

三、试验仪器

天平、维卡仪（图 2.2.1）、水泥净浆搅拌机（图 2.2.2）、湿气养护箱。

四、试验条件

（1）试验室温度为（20±2）℃，相对湿度应不低于 50%；水泥试样、拌合水、仪器和用具的温度应与试验室一致。

（2）湿气养护箱的温度为（20±1）℃，相对湿度不低于 90%。

（3）试验用水必须是洁净的饮用水（如有争议应以蒸馏水为准）。

五、试验步骤

（1）测定前的准备工作：调整凝结时间测定仪的试针接触玻璃板时，指针对准零点。

（2）试件的制备：以标准稠度用水量制成标准稠度净浆，一次性装满试模，振动数次刮平，立即将试模放入湿气养护箱中。记录水泥全部加入水中的时间，作为测定凝结时间的起始时间。

（3）初凝时间的测定：试件在湿气养护箱中养护至加水后 30 min 时进行第一次测定。测定时，从湿气养护箱中取出试模放到试针下，降低试针，使其与水泥净浆表面接触。拧紧螺丝 1~2 s 后突然放松，试针竖直自由地沉入水泥净浆中。观察试针停止下沉或释放试针

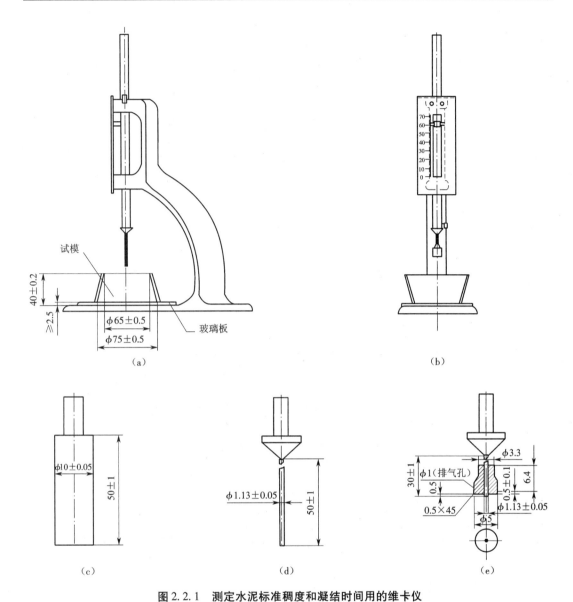

图 2.2.1　测定水泥标准稠度和凝结时间用的维卡仪

(a)初凝时间测定用立式试模的侧视图　(b)终凝时间测定用反转试模的前视图

(c)标准稠度试杆　(d)初凝用试针　(e)终凝用试针

30 s 时指针的读数。当试针沉至距底板(4±1)mm 时,水泥达到初凝状态。从水泥全部加入水中至达到初凝状态的时间为水泥的初凝时间,单位为"min"。

　　(4)终凝时间的测定:为了准确观测试针沉入的状况,在终凝用试针上安装一个环形附件。在完成初凝时间的测定后,立即将试模连同浆体以平移的方式从玻璃板上取下,翻转180°,大端向上、小端向下放在玻璃板上,再放入湿气养护箱中继续养护,临近终凝状态时每隔 15 min 测定一次。当试针沉入试体 0.5 mm,即环形附件开始不能在试体上留下痕迹时,水泥达到终凝状态。从水泥全部加入水中至达到终凝状态的时间为水泥的终凝时间,单位为"min"。

1.双速电动机
2.连接法兰
3.蜗轮
4.轴承盖
5.蜗轮轴
6.蜗杆轴
7.轴承盖
8.内齿圈
9.行星齿轮
10.叶片轴
11.行星定位套
12.调节螺母
13.搅拌锅
14.搅拌叶片
15.滑板
16.立柱
17.底座
18.手柄（背面）
19.减速箱

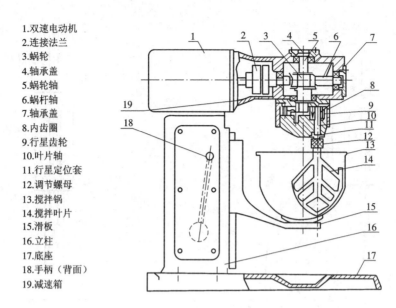

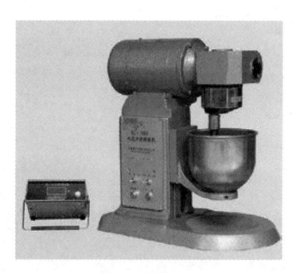

图 2.2.2　水泥净浆搅拌机

（5）测定时应注意，在最初操作时应轻轻扶持金属棒，使其徐徐下降，以防止试针撞弯，但结果以自由下落为准；在整个测试过程中，试针沉入的位置至少要距试模内壁 10 mm。临近初凝时，每隔 5 min 测定一次；临近终凝时，每隔 15 min 测定一次。达到初凝或终凝时应立即重复测一次，当两次结论相同时才能定为达到初凝或终凝状态。每次测定都不能让试针落入原针孔，每次测定完毕都须将试针擦净并将试模放回湿气养护箱内，整个测试过程要防止试模受振。

六、试验数据处理

1. 填写水泥凝结时间测试记录表

如实填写水泥凝结时间测试记录表(表 2.2.1)。

表 2.2.1　水泥凝结时间测试记录表

操作单位：　　　　　操作员：　　　　　　　　　　日期：　　年　月　日

操作序号	操作内容、科目	操作时间	分段时长
1	水泥全部入水(水泥和水)		
2	拌制水泥净浆(启动控制器)		
3	取样、制备试件		
4	试件养护 30 min		
5	首次初凝测试		
...			
n_1	临近初凝测试		
...			
n_2	终凝时间测试		
...			

评定结果：　　　　　　　　　　　　　　　　　　　　验收人：

2. 结果判定

国家标准规定:硅酸盐水泥、普通硅酸盐水泥、矿渣硅酸盐水泥、粉煤灰硅酸盐水泥、火山灰质硅酸盐水泥、复合硅酸盐水泥等六类硅酸盐水泥初凝时间不得早于 45 min,一般为 1~3 h;终凝时间除硅酸盐水泥不得迟于 6.5 h 外,其余水泥终凝时间不得迟于 10 h,一般为 5~8 h。凡初凝时间不符合规定者为废品,终凝时间不符合规定者为不合格品。

3. 试验分析

(1)从假凝和瞬凝的角度分析水泥凝结。
(2)从化学的角度说明水泥凝结反常的原因。
(3)从试验条件、试验环境的角度分析系统偏差。
(4)从人为因素的角度分析操作偏差。

七、试验操作及要求

按照上述内容,认真完成试验并填写表 2.2.2。

表 2.2.2　**试验记录表**

班级		姓名		学号		指导教师	
试验原理							
试验仪器							
试验步骤 （简述）							
试验结果 与分析	试验结果：			分析结论：			
教师指 导意见							

试验日期：___年___月___日

附件 2.2　水泥凝结时间、体积安定性试验检测记录表

水泥凝结时间、体积安定性试验检测记录表

试验室名称:陕西建工集团机械施工有限公司试验检测中心 S202 韦澄公路 LJ1 标工地试验室

工程部位/用途	桥梁工程/现浇箱梁、预制箱梁等			任务编号	RW(SNJ)-2013-011	
试验依据	JTG E30—2005			样品编号	YP-2013-SNJ-011	
样品描述	未潮湿、无结块、12 kg			样品名称	硅酸盐水泥	
试验条件	温度:20 ℃;相对湿度:59%			试验日期	2013-07-23—2013-07-24	
主要仪器、设备及其编号	电子天平 WCH-27、水泥净浆搅拌机 WCH-24、沸煮箱 WCH-29 等					

凝结时间	测定方法	标准法				
	开始加水时间	试针距底板 (4±1)mm 时间	试针沉入净浆中 0.5 mm 时间	初凝时间(min)	终凝时间(min)	
	09:23	12:16	12:57	173	214	

体积安定性	雷氏法	试件编号	A(mm)	C(mm)	C−A(mm) 单值	平均值	测定结果
		1	11.5	13.0	1.5	2.0	合格
		2	11.0	13.5	2.5		

备注:

试验:　　　　　　　复核:　　　　　　　日期:　年　月　日

第3章　土工试验

本章要点

本章主要介绍土的工程性质试验,包括土的含水率试验、颗粒分析试验、击实试验。

本章学习目标

掌握含水率试验的试验方法以及试验数据处理方法;掌握颗粒分析试验的试验方法以及试验数据的计算方法,了解颗粒级配曲线,了解细度模数的计算方法。

本章难点

土的颗粒分析试验的试验方法以及试验数据的计算方法。

土是岩石风化的产物。地壳表层的岩石在长期的风化作用下,不断碎裂与分解,形成了碎块与细粒,土颗粒或在原地堆积起来,或由水力、风力搬运至他处沉积下来,形成各种类型的土。

在一般情况下,土中的孔隙由水和空气填充,由于土粒、水和空气是三种不同的物质,所以土是由固相(土粒)、液相(水)和气相(空气)组成的多相物体。

在工程建设中,特别是在水利工程建设中,土被广泛用作各种建筑物的地基、填料和周围介质。当在土层上修筑房屋、堤坝、桥梁等各种建(构)筑物时,土被用作地基;当修建土坝、路基时,土被用作填料;当在土层中修建涵洞及渠道等,土便成为建筑周围的介质。

随着经济建设的突飞猛进,建筑科学与技术日新月异,对土提出了更高的要求,但是由于土的性质受地域环境的影响很大,不同地区、不同环境下土的性质不同,因此,需要通过试验来确定土的性质,以满足工程建设的需要。

3.1　含水率试验

含水率是土的基本物理性质之一,它反映土的状态,含水率变化将导致土的一系列物理性质发生变化。这种影响表现在各个方面,如在土的稠度方面,使土成为坚硬的、可塑的或流动的;在土内水分的饱和程度方面,使土成为稍湿的、很湿的或饱和的;在土的力学性质方面,使土的结构强度增大或减小、紧密或疏松,导致压缩性及稳定性的变化。因此,土的含水率是研究土的物理性质必不可少的一项指标。

测定含水率的方法有很多,如酒精燃烧法、烘干法、炒干法、比重法、实容积法、微波加热法等,本书主要介绍酒精燃烧法。

一、试验目的

酒精燃烧法适用于快速简易地测定细粒土(含有机质的土除外)的含水率,是工地上常用的快速测定方法。

二、试验原理

利用酒精多次在土上燃烧,使土中的水分蒸发,将土烤干,测定烤干前后土的质量,即可求得该土的含水率。

三、试验仪器

(1)称量盒(定期调整为恒质量)。

(2)天平:感量 0.01 g。

(3)酒精:纯度 95%。

(4)滴管、火柴、调土刀等。

四、试验步骤

(1)取代表性试样(黏质土 5 ~ 10 g,砂类土 20 ~ 30 g)放入称量盒内,称湿土质量。

(2)用滴管将酒精注入放有试样的称量盒中,直至盒中出现自由液面为止。为使酒精在试样中充分混合均匀,可将盒底在桌面上轻轻敲击。

(3)点燃盒中的酒精,燃至火焰熄灭。

(4)将试样冷却数分钟,按步骤(2)、(3)重新燃烧两次。

(5)待第三次火焰熄灭后,盖好盒盖,立即称干土质量,精确至 0.01 g。

五、试验数据处理

(1)按下列公式计算含水率:

$$w = \frac{m - m_s}{m_s} \times 100$$

式中　w——含水率(%),精确至 0.1%;

　　　m——湿土质量(g);

　　　m_s——干土质量(g)。

(2)本试验的记录格式如表 3.1.1 所示。

表3.1.1　含水率试验记录表(酒精燃烧法)

试验者:_____　　　　工程编号:_____

计算者:_____　　　　土样说明:_____

校核者:_____　　　　试验日期:_____

盒号		1	2	3	4
盒质量	(1)				
盒质量+湿土质量(g)	(2)				
盒质量+干土质量(g)	(3)				
水分质量	(4)=(2)-(3)				
干土质量	(5)=(3)-(1)				
含水率	(6)=(4)/(5)				
平均含水率	(7)				

(3)计算精密度和允许差。本试验须进行两次平行测定,取其算术平均值,允许平行差值应符合表3.1.2的规定。

表3.1.2　含水率测定的允许平行差值

含水率(%)	允许平行差值(%)	含水率(%)	允许平行差值(%)
5以下(含5)	0.3	40以上	≤2
40以下(含40)	≤1	层状和网状构造的冻土	<3

六、试验注意事项

(1)酒精纯度必须高于95%。

(2)酒精加入量以液面刚好超出土样表面为准。

(3)在点火燃烧过程中,不要用器具拨动土样,以免造成土样损失而影响精度。

(4)酒精属易挥发、易燃液体,在操作过程中极易发生意外事故或造成烧伤,使用时应特别小心,严格操作规程,做好试验操作安全预案。

(5)每次燃烧完毕后,需将铝盒盖上,确认火焰熄灭后再加酒精。

(6)只能用滴管往铝盒中添加酒精,而不能直接用大瓶倒入,否则可能造成严重事故。

(7)用滴管加酒精时,滴管要呈倾斜状态,而不要垂直于土样表面。

七、试验操作及要求

根据上述内容,按照试验步骤认真完成试验,并填写表3.1.3。

表 3.1.3　含水率试验记录表(烘干法和酒精燃烧法)

试验者_____　　　　　　校核者_____　　　　　　　　　　试验日期_____

土样编号	盒号	盒质量 m_0(g)	盒质量+湿土质量 m_1(g)	盒质量+干土质量 m_2(g)	水分质量 (m_1-m_2)(g)	干土质量 (m_2-m_0)(g)	含水率(%)	
							单值	平均值

附件 3.1　含水率试验记录表

国道 G106 炎陵至桂东槽里公路改造工程　 CS204

含水率试验记录表(烘干法和酒精燃烧法)

承包单位:_____　　　合同号:_____

监理单位:_____　　　编　号:_____

试验单位		试验日期	
样品名称		样品来源	

盒号								
盒质量+湿土质量(g)								
盒质量+干土质量(g)								
盒质量(g)								
水分质量(g)								

3.2　颗粒分析试验

颗粒分析试验是测定土中各粒组质量占该土总质量的百分数的试验,可采用筛分法和沉降分析法。其中沉降分析法又分为密度计法和移液管法等。对于粒径大于或等于 0.075 mm 的土粒可用筛分法测定,而对于粒径小于 0.075 mm 的土粒则用沉降分析法测定。这里仅介绍筛分法。

一、试验目的

测定小于某粒径的颗粒或粒组质量占砂土质量的百分数,以了解土的粒度成分,作为砂土分类及土工建筑选料的依据。

二、试验原理

利用一套孔径不同的标准筛来分离一定量的砂土中与筛孔径相对应的粒组,然后称量,计算各粒组的相对含量,确定砂土的粒度成分。筛分法适用于分离粒径大于或等于0.075 mm 的粒组。

三、试验仪器

(1)分析筛:

①圆孔粗筛,孔径为 60 mm、40 mm、20 mm、10 mm、5 mm 和 2 mm;

②圆孔细筛(标准筛,图 3.2.1),孔径为 2 mm、1 mm、0.5 mm、0.25 mm、0.1 mm 和 0.075 mm。

(2)称量 5 000 g、最小分度值 0.1 g 的天平;称量 200 g、最小分度值 0.01 g 的天平。

(3)振筛机(图 3.2.2)。

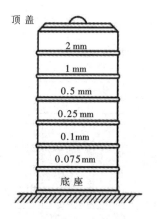

图 3.2.1　标准筛

图 3.2.2　振筛机

四、试验步骤

先用风干法制样,然后从风干的松散的土样中,按表 3.2.1 称取代表性试样,称量精确至 0.1 g,当试样质量超过 500 g 时,称量应精确至 1 g。

表 3.2.1　筛分法取样质量

颗粒尺寸(mm)	取样质量(g)
<2	100 ~ 300

续表

颗粒尺寸(mm)	取样质量(g)
<10	300~1 000
<20	1 000~2 000
<40	2 000~4 000
<60	4 000 以上

1. 无黏性土

(1)将按表 3.2.1 称取的试样过孔径为 2 mm 的筛,分别称取留在筛子上和已通过筛子的筛下试样的质量。当筛下试样的质量小于试样总质量的 10% 时,不作细筛分析;当筛上试样的质量小于试样总质量的 10% 时,不作粗筛分析。

(2)取 2 mm 筛上的试样倒入依次叠好的粗筛的最上层筛中,进行粗筛筛分;然后取 2 mm 筛下的试样倒入依次叠好的细筛的最上层筛中,进行细筛筛分。细筛宜置于振筛机上进行振筛,振筛时间一般为 10~15 min。

(3)由最大孔径的筛开始,顺序将各筛取下,称留在各级筛上及底盘内试样的质量,精确至 0.1 g。

(4)筛后各级筛上及底盘内试样质量的总和与筛前试样总质量的差值,不得大于试样总质量的 1%。

2. 含有细粒土颗粒的砂土

(1)将按表 3.2.1 称取的代表性试样置于盛有清水的容器中,用搅棒充分搅拌,使试样的粗细颗粒完全分离。

(2)将容器中的试样悬液通过 2 mm 的筛,取留在筛上的试样烘至恒量,并称烘干试样的质量,精确至 0.1 g。

(3)将粒径大于 2 mm 的烘干试样倒入依次叠好的粗筛的最上层筛中,进行粗筛筛分。由最大孔径的筛开始,顺序将各筛取下,称留在各级筛上及底盘内试样的质量,精确至 0.1 g。

(4)取通过 2 mm 筛的试样悬液,用带橡皮头的研杆研磨,然后过 0.075 mm 筛,并将留在 0.075 mm 筛上的试样烘至恒量,称烘干试样的质量,精确至 0.1 g。

(5)将粒径大于 0.075 mm 的烘干试样倒入依次叠好的细筛的最上层筛中,进行细筛筛分。细筛宜置于振筛机上进行振筛,振筛时间一般为 10~15 min。

(6)当粒径小于 0.075 mm 的试样质量大于试样总质量的 10% 时,应采用密度计法或移液管法测定粒径小于 0.075 mm 的颗粒的组成。

五、试验数据处理

(1)小于某粒径的试样质量占试样总质量的百分数可按下式计算:

$$X = \frac{m_A}{m_B} d_x \tag{3.2.1}$$

式中　X——小于某粒径的试样质量占试样总质量的百分数(%)；

　　　m_A——小于某粒径的试样质量(g)；

　　　m_B——细筛分析时为所取试样的质量,粗筛分析时为试样总质量(g)；

　　　d_x——粒径小于 2 mm 的试样质量占试样总质量的百分数(%)。

　(2)制图:以小于某粒径的试样质量占试样总质量的百分数为纵坐标,以颗粒粒径的对数为横坐标,在单对数坐标系中绘制颗粒大小分布曲线,见图3.2.3。

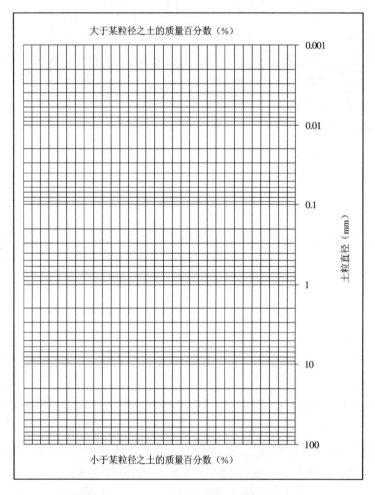

图3.2.3　颗粒大小分布曲线

　(3)按下式计算不均匀系数:

$$C_u = \frac{d_{60}}{d_{10}}$$

(3.2.2)

式中　C_u——不均匀系数；

　　　d_{60}——限制粒径,在颗粒大小分布曲线上小于该粒径的土质量占土总质量60%的粒径；

　　　d_{10}——有效粒径,在颗粒大小分布曲线上小于该粒径的土质量占土总质量10%的粒径。

（4）按下式计算曲率系数：

$$C_c = \frac{d_{30}^2}{d_{60}d_{10}}$$ 　　　　　　　　　　　　　　（3.2.3）

式中　C_c——曲率系数；

　　　　d_{30}——在颗粒大小分布曲线上小于该粒径的土质量占土总质量30%的粒径。

六、试验操作及要求

根据上述试验步骤，认真做试验，并填写表3.2.2，在图3.2.3中绘制颗粒大小分布曲线。

表3.2.2　颗粒分析试验记录表（筛分法）

工程名称＿＿＿＿＿＿＿＿＿＿＿＿　　　　　　　试验者＿＿＿＿＿＿＿＿＿

工程编号＿＿＿＿＿＿＿＿＿＿＿＿　　　　　　　计算者＿＿＿＿＿＿＿＿＿

试验日期＿＿＿＿＿＿＿＿＿＿＿＿　　　　　　　校核者＿＿＿＿＿＿＿＿＿

风干土质量 = 　　　g；　小于0.075 mm的土质量占总土质量百分数 = 　　　%					
2 mm筛上土质量 = 　　　g；　小于2 mm的土质量占总土质量百分数 d_x = 　　　%					
2 mm筛下土质量 = 　　　g；　　　细筛分析时所取试样质量 = 　　　g					
筛号	孔径(mm)	累计留筛土质量(g)	小于该孔径的土质量(g)	小于该孔径的土质量百分数（%）	小于该孔径的总土质量百分数（%）
底盘总计					

附件3.2 土颗粒分析试验报告

解放军理工大学工程兵工程学院

土壤颗粒分析试验报告(筛分法)

委托单位＿＿＿＿＿＿＿＿＿＿＿＿＿＿＿＿＿＿＿＿＿＿＿＿＿＿＿　　　试验日期＿＿＿＿＿＿＿＿＿＿＿＿＿＿＿＿＿＿＿＿＿＿＿＿＿＿

监理单位＿＿＿＿＿＿＿＿＿＿＿＿＿＿＿＿＿＿＿＿＿＿＿＿＿＿＿　　　取样日期　2014-04-07＿＿＿＿＿＿＿＿＿＿＿＿＿＿＿＿＿＿＿

工程部位＿＿＿＿＿＿＿＿＿＿＿＿＿＿＿＿＿＿＿＿＿＿＿＿＿＿＿　　　样品名称＿＿＿＿＿＿＿＿＿＿＿＿＿＿＿＿＿＿＿＿＿＿＿＿＿＿

样品描述＿＿＿＿＿＿＿＿＿＿＿＿＿＿＿＿＿＿＿＿＿＿＿＿＿＿＿　　　环境条件　温度16℃,湿度76%＿＿＿＿＿＿＿＿＿＿＿＿＿＿＿

试验设备　标准筛、天平、台秤等＿＿＿＿＿＿＿＿＿＿＿＿＿＿＿＿　　　试验规程　JTG E40—2007(T0115—1993)＿＿＿＿＿＿

(一)土的颗粒大小分析试验记录(筛分法)								
筛前总土质量:35 681 g		<2 mm 土质量:1 338 g		<2 mm 土占总土质量百分数:3.7%			<2 mm 土取样质量:1 338 g	
粗筛分析				细筛分析				
孔径 (mm)	分计筛余土质量 (g)	小于该孔径的土质量 (g)	占总土质量百分数 (%)	孔径 (mm)	分计筛余土质量 (g)	小于该孔径的土质量 (g)	小于该孔径的土质量百分数 (%)	占总土质量百分数 (%)
80	8 543	27 138	76.1	2	772	1 338	100.0	3.7
60	13 362	13 776	38.6	1	198	1 140	85.2	3.2
40	2 813	10 963	30.7	0.5	401	740	55.3	2.0
20	5 689	5 274	14.8	0.25	227	513	38.3	1.4
10	2 183	3 091	8.7	0.075	367	146	10.9	0.4
5	981	2 110	5.9					
2	772	1 338	3.7					

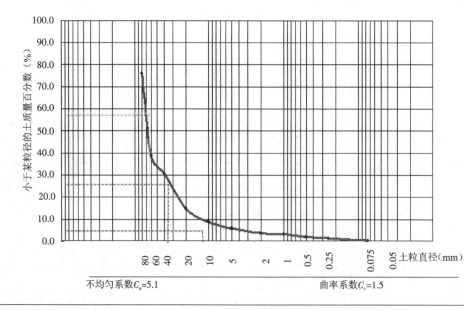

不均匀系数C_u=5.1　　　　　　　　　　　曲率系数C_c=1.5

结论:经检验,该土级配良好。

批准:　　　　　　　　复核:　　　　　　　　　　　　　　　　试验:

附件 3.3　土颗粒分析试验报告

贵州公路建设项目

S204 黄平至旧州公路改扩建工程

土的颗粒分析试验(筛分法)

施工单位:江西省路桥建设集团股份有限公司　　　合同号:

监理单位:湖北中交公路桥梁监理咨询有限公司　　试验编号:HJ(ETG)-12-07-004

试验单位		试验日期	
样品名称	土	取样日期	
取样地点	施工现场 K13+800	用　途	K13+673.144~K13+900 段路基填筑
工程部位	路基工程	检测依据	JTG E40—2007

(一)土的颗粒大小分析试验记录(筛分法)								
筛前总土质量:3 000 g		<2 mm 土质量:384 g		<2 mm 土占总土质量百分数:			<2 mm 土取样质量:384 g	
粗筛分析				细筛分析				
孔径 (mm)	分计筛 余土质量 (g)	小于该孔径 的土质量 (g)	小于该孔径的 土质量百分数 (%)	孔径 (mm)	分计筛 余土质量 (g)	小于该孔径 的土质量 (g)	小于该孔径的 土质量百分数 (%)	占总土质量 百分数 (%)
60	800	2 200	73.3	2	320	384	12.8	12.8
40	364	1 836	61.2	1	85	299	10.0	10.0
20	560	1 276	42.5	0.5	60	239	8.0	8.0
10	372	904	30.1	0.25	29	210	7.0	7.0
5	200	704	23.5	0.075	112	98	3.3	3.7

粒径分配曲线图

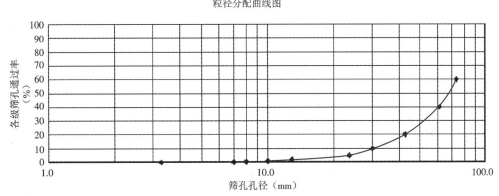

土的不均匀系数 C_u =2.0

备注:土石比例划分,$d>2$ mm 的颗粒含量为 87.2% ,$d<2$ mm 的颗粒含量为 12.8% 。

施工单位自检:	试验监理人员意见:
日期:	日期:

试验:　　　　　　　　　　　　复核:　　　　　　　　　　　试验室主任:

3.3 击实试验

在工程建设中,经常会遇到填土或松软的地基,为了改善松软土的工程性质,常采用压实的方法使土体变得密实。击实试验就是模拟施工现场的压实条件,采用锤击的方法使土体密实度增大、强度提高、沉降减小的一种试验方法。在击实后测定的土的最大干密度和最优含水率,是控制路堤、土坝和填土地基等的密实度的重要指标。

击实试验一般分为轻型击实试验和重型击实试验两种。

一、试验原理

土在外力作用下压实的原理,可以结合水膜润滑理论及电化学来解释。一般认为,黏性土含水率较低、土较干时,由于土粒表面的结合水膜较薄,水处于强结合水状态,土粒间距较小,土粒之间摩擦力和黏结力都较大,土粒相对移动时阻力较大,即使有击实功作用,也难以克服这种阻力,因而压实效果差。随着土含水率的增加,结合水膜增厚,土粒间距也逐渐增大,击实功比较容易克服粒间引力而使土粒相对运动,趋于密实,压实效果较好,表现为干密度增大,至最优含水率时,干密度达到最大值。

但当土的含水率继续增大时,虽然减小了粒间引力,但土中出现了自由水,水占据的体积越大,颗粒能够占据的体积就越小,击实时孔隙中过多的水分不易排出,孔隙水压力升高,抵消了部分击实功,同时也排不出气体,气体以封闭气泡的形式存在于土内,阻止了土体的移动,击实仅能导致土粒更高程度的定向排列,而土体体积几乎不发生变化,击实效果反而变差。在排水不畅的情况下,过多次反复击实,甚至会导致土体密度不增大而土体结构被破坏,出现工程上所谓的"橡皮土"现象。

二、试验仪器

(1)击实仪。

(2)天平:称量 200 g,最小分度值 0.01 g。

(3)台秤:称量 10 kg,最小分度值 5 g。

(4)筛:孔径 5 mm。

(5)其他:喷水设备、碾土器、盛土器、推土器、刮土刀等。

三、试验步骤

(1)制备土样:取代表性风干土样,放在橡皮板上用木碾碾散,过 5 mm 筛,土样量不少于 20 kg。

(2)加水拌合:预定 5 个不同的含水率,依次相差 2%,其中 2 个高于最优含水率,2 个低于最优含水率。

所需加水质量按下式计算:

$$m_w = \frac{m_{w0}}{1 + w_0}(w - w_0)$$

式中 m_w——所需加水质量(g);

m_{w0}——达到风干含水率时土样的质量(g);

w_0——土样的风干含水率(%);

w——预定达到的含水率(%)。

(3)分层击实:取制备好的试样 600 ~ 800 g,倒入筒内,整平表面,击实 25 次,每层击实后土样约为击实筒容积的 1/3。击实时,击锤应自由落下,锤迹须均匀分布于土面。重复上述步骤,进行第二、三层的击实。击实后试样略高出击实筒(不得大于 6 mm)。

(4)称土质量:齐筒顶细心削平试样,擦净筒外壁,称土质量,精确至 0.1 g。

(5)测含水率:用推土器推出筒内的试样,从试样中心处取两组 15 ~ 30 g 的土测定含水率,平行差值不得超过 1%。按步骤(2)~(4)进行其他含水率试样的击实试验。

四、试验注意事项

(1)试验前,击实筒内壁要涂一层凡士林。

(2)击实一层后,用刮土刀把土样表面刨毛,使层与层之间压密;同理,其他两层也是如此。

(3)如果使用电动击实仪,则必须注意安全。打开仪器电源后,手不能接触击实锤。

五、计算及绘图

按下式计算干密度:

$$\rho_d = \frac{\rho}{1 + 0.01w}$$

式中 ρ_d——干密度(g/cm³);

ρ——湿密度(g/cm³);

w——含水率(%)。

以干密度为纵坐标,含水率为横坐标,绘制干密度与含水率关系曲线,如图 3.3.1 所示。曲线上峰值点所对应的纵、横坐标分别为土的最大干密度和最优含水率。如曲线不能绘出准确的峰值点,应进行补点。

六、试验操作及要求

根据上述内容,认真完成试验,在表 3.3.1 中记录相关数据,在图 3.3.2 中画出关系曲线。

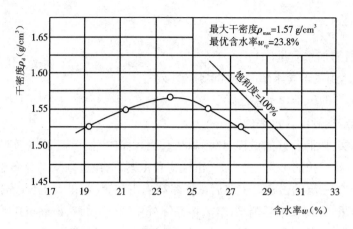

图 3.3.1　干密度与含水率关系曲线

表 3.3.1　击实试验记录表

试验者_____　　　　　校核者_____　　　　　试验日期_____
风干含水率_____　　　　　　　　　　　　　　　　　　　　每层击数_____

试验序号	干密度					含水率						
	筒加湿土质量(g)	筒质量(g)	湿土质量(g)	湿密度(g/cm³)	干密度(g/cm³)	盒号	盒加湿土质量(g)	盒加干土质量(g)	盒质量(g)	水质量(g)	干土质量(g)	含水率(%)	平均含水率(%)
	(1)	(2)	(3)	(4)	(5)	(6)	(7)	(8)	(9)	(10)	(11)	(12)
			(1)-(2)	$\dfrac{(3)}{V}$	$\dfrac{(4)}{1+0.01w}$					(6)-(7)	(7)-(8)	$\dfrac{(9)}{(10)}\times100$	

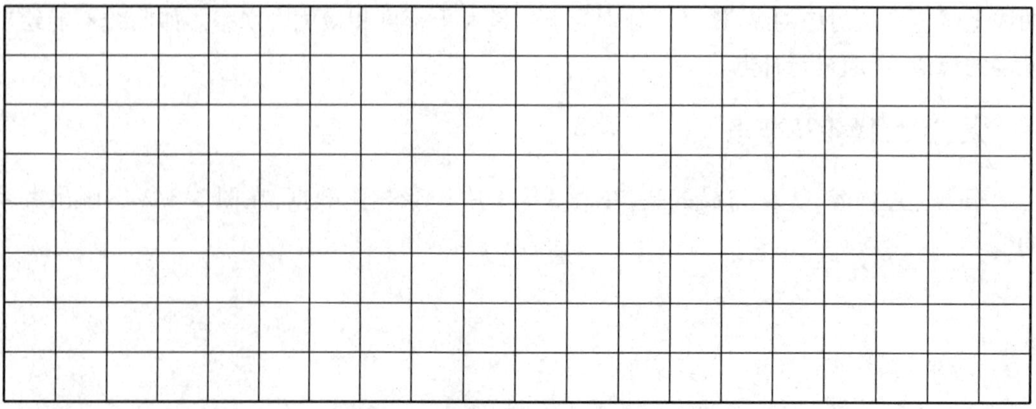

图 3.3.2　干密度与含水率关系曲线

第4章 水泥混凝土试验与检测

本章要点

本章主要介绍水泥混凝土的配合比设计试验、和易性试验、抗压强度试验、抗折试验、抗渗试验、含气量试验、拌合物凝结时间试验、拌合物泌水试验。

本章学习目标

掌握水泥混凝土的配合比设计试验、和易性试验、抗压强度试验、抗渗试验;了解水泥混凝土的抗折试验、含气量试验、拌合物凝结时间试验、拌合物泌水率试验。

本章难点

水泥混凝土的配合比设计试验、和易性试验、抗压强度试验、抗渗试验。

混凝土是由胶凝材料、粗骨料、细骨料按适当的比例配合,加水(或不加水)拌合制成具有一定可塑性的流体,经过一段时间硬化而成的具有一定强度的人造石材。现代混凝土中除了以上组分外,还常常加入化学外加剂和矿物细粉掺和料。化学外加剂的品种有很多,可以改善、调节混凝土的各种性能,而矿物细粉掺和料则可以有效提高新拌混凝土的工作性能和耐久性能,同时降低成本。

混凝土种类有很多,按所用胶凝材料分为水泥混凝土、硅酸盐混凝土、石膏混凝土、水玻璃混凝土、沥青混凝土、聚合物混凝土、树脂混凝土等;按用途分为结构混凝土、大体积混凝土、防水混凝土、耐热混凝土、膨胀混凝土、道路混凝土等;按生产方式分为预拌混凝土、现场搅拌混凝土等。

进入 21 世纪,混凝土的研究和实践主要围绕两个焦点展开:一是解决好混凝土的耐久性问题;二是混凝土走可持续发展的健康道路。混凝土在过去 100 年中,几乎应用于所有的土木工程领域,可以说没有混凝土就没有今天的世界。然而对混凝土性能的研究和实践,需要大量的试验,混凝土试验贯穿工程建设的所有过程,为工程建设的设计、施工、验收提供了有力的数据。本章主要介绍水泥混凝土(为了表述方便,大多时候简称混凝土)试验。

4.1 水泥混凝土配合比设计试验

混凝土配合比指混凝土中各组成材料之间的比例关系。它不但影响混凝土的性能,还影响工程造价,良好的混凝土配合比是制备经济优质的混凝土的基本条件。确定这个比例关系的过程叫作配合比设计。水泥混凝土配合比,应根据原材料的性能及对混凝土的技术要求进行计算,并经试验室试配、调整后确定。水泥混凝土的组成材料主要包括水泥、粗骨料、细骨料和水,随着混凝土技术的发展,外加剂和掺和料的应用日益普遍,其掺量也是在配合比设计时需选定的。

水泥混凝土配合比常用的表示方法有两种:一种是以 1 m³ 混凝土中各项材料的质量表示,将混凝土中的水泥、水、粗骨料、细骨料的实际用量按顺序表示,如水泥 300 kg、水 182 kg、砂 680 kg、石子 1 310 kg;另一种是以水泥、水、砂、石子的质量比及水灰比表示,如前例可表示为 $1:2.27:4.37$,$W/C=0.61$。我国目前采用的是质量比。

一、试验目的

掌握混凝土配合比设计的程序和方法以及相关设备的使用方法;自行设计不同强度等级的混凝土,并通过试验检验其强度。

二、试验原理

混凝土配合比设计是一个计算、试配、调整的复杂过程,大致可分为初步计算配合比、基准配合比、试验室配合比、施工配合比设计 4 个阶段。首先根据已选择的原材料的性能及对混凝土的技术要求进行初步计算,得出初步计算配合比。基准配合比是在初步计算配合比的基础上,通过试配、检测、调整工作性、修正得到的;试验室配合比是通过对水灰比的微量调整得出的,在满足设计强度要求的前提下,进一步调整配合比以使水泥用量最少;而施工配合比考虑砂、石子的实际含水率对配合比的影响,对配合比进行最后的修正,是实际应用的配合比。配合比设计的过程是逐一满足混凝土的强度、工作性、耐久性,节约水泥等要求的过程。

三、试验基本要求

配合比设计的任务,就是根据原材料的技术性能及施工条件,确定出能满足工程所要求的技术经济指标的各项组成材料的用量。其基本要求如下。

(1)达到混凝土结构设计要求的强度等级。

(2)满足混凝土施工的和易性要求。

(3)满足工程所处环境和使用条件对混凝土耐久性的要求。

(4)符合经济原则,节约水泥,降低成本。

四、试验基本资料

在进行混凝土配合比设计前,需确定和了解的基本资料(即设计的前提条件)主要有以下几个方面。

(1)混凝土设计强度等级和强度的标准差。

(2)材料的基本情况,包括水泥的品种、强度等级、实际强度、密度,砂的种类、表观密度、细度模数、含水率,石子的种类、表观密度、含水率,是否掺外加剂,外加剂的种类。

（3）混凝土的工作性要求,如坍落度指标。

（4）与耐久性有关的环境条件,如冻融状况、地下水情况等。

（5）工程特点及施工工艺,如构件的几何尺寸、钢筋的疏密、浇筑振捣方法等。

五、配合比设计中三个基本参数的确定

混凝土配合比设计,实质上就是确定单位体积混凝土拌合物中水、水泥、粗骨料（石子）、细骨料（砂）四种组成材料之间的三个参数,即水和水泥之间的比例——水灰比,砂和石子之间的比例——砂率,骨料与水泥浆之间的比例——单位用水量。在配合比设计中能正确确定这三个基本参数,就能使混凝土满足配合比设计的四项基本要求。

确定这三个基本参数的基本原则:在混凝土的强度和耐久性的基础上,确定水灰比;在满足混凝土的施工要求和和易性要求的基础上,确定单位用水量;砂的数量以填充石子间的空隙后略有富余为宜。

具体确定水灰比时,从强度角度看,水灰比应小些;从耐久性角度看,水灰比小些,水泥用量大些,混凝土的密度就大,耐久性则优良,这可通过控制最大水灰比和最小水泥用量来实现（表 4.1.1）。由强度和耐久性分别决定的水灰比往往是不同的,此时应取较小值。但在强度和耐久性都已满足的前提下,水灰比应取较大值,以获得较好的流动性。

表 4.1.1　混凝土的最大水灰比和最小水泥用量

环境条件		结构物的类别	最大水灰比			最小水泥用量(kg)		
			素混凝土	钢筋混凝土	预应力混凝土	素混凝土	钢筋混凝土	预应力混凝土
干燥环境		正常的居住或办公用房屋室内部件	不作规定	0.65	0.60	200	260	300
潮湿环境	无冻害	高湿度的室内部件 室外部件 在非侵蚀性土和（或）水中的部件	0.70	0.60	0.60	225	280	300
	有冻害	经受冻害的室外部件 在非侵蚀性土和（或）水中且经受冻害的部件 高湿度且经受冻害的室内部件	0.55	0.55	0.55	250	280	300
有冻害和除冰剂的潮湿环境		经受冻害和除冰剂作用的室内和室外部件	0.50	0.50	0.50	300	300	300

注:1. 当用活性掺和料取代部分水泥时,表中的最大水灰比及最小水泥用量即为替代前的水灰比和水泥用量。

2. 配制 C15 级以下等级的混凝土,可不受本表限制。

确定砂率主要从满足工作性和节约水泥两个方面考虑。在水灰比和水泥用量（即水泥

浆用量)不变的前提下,砂率应取坍落度最大而黏聚性、保水性好的砂率,合理的砂率可由表4.1.2初步确定,经试拌后再调整。在满足工作性的情况下,砂率尽可能取小值,以达到节约水泥的目的。

表4.1.2 混凝土的砂率   (%)

水灰比	卵石最大粒径(mm)			碎石最大粒径(mm)		
W/C	10	20	40	16	20	40
0.40	26~32	25~31	24~30	30~35	29~34	37~32
0.50	30~35	29~34	28~33	33~38	32~37	30~35
0.60	33~38	32~37	31~36	36~41	35~40	33~38
0.70	36~41	35~40	34~39	39~44	38~43	36~41

注:1. 本表数值系中砂的选用砂率,对细砂或粗砂,可相应地减小或增大。

2. 只用一个单粒级粗骨料配制混凝土时,砂率应适当增大。

3. 对薄壁构件,砂率取偏大值。

在水灰比和水泥用量不变的情况下,单位用水量实际反映水泥浆量与骨料间的比例关系。水泥浆量要满足包裹粗、细骨料表面并保持足够的流动性的要求,但用水量过大会降低混凝土的耐久性。水灰比在0.40~0.80的范围内时,根据粗骨料的品种、粒径,单位用水量可通过表4.1.3确定。

表4.1.3 单位用水量   (kg/m³)

拌合物稠度		卵石最大粒径(mm)				碎石最大粒径(mm)			
项目	指标	10	20	31.5	40	16	20	31.5	40
坍落度 (mm)	10~30	190	170	160	150	200	185	175	165
	35~50	200	180	170	160	210	195	185	175
	55~70	210	190	180	170	220	205	195	185
	75~90	215	195	185	175	230	215	205	195

注:1. 本表中的用水量是采用中砂时的平均值。采用细砂时,每立方米混凝土用水量增加5~10 kg;采用粗砂时,则可减少5~10 kg。

2. 采用外加剂或掺和料时,用水量应相应调整。

六、试验步骤

1. 初步计算配合比

1)确定混凝土配制强度 $f_{cu,0}$

混凝土配制强度按下式计算;

$$f_{cu,0} = f_{cu,k} + 1.645\sigma$$

式中　$f_{cu,0}$——混凝土配制强度(MPa)；

　　　$f_{cu,k}$——混凝土设计强度标准值(MPa)；

　　　σ——混凝土强度标准差(MPa)。

σ 的确定方法如下。

(1)可根据同类混凝土的强度资料确定。对 C20 和 C25 级的混凝土,其强度标准差下限值取 2.5 MPa;对大于或等于 C30 级的混凝土,其强度标准差的下限值取 3.0 MPa。

(2)当施工单位无历史统计资料时,σ 可按表 4.1.4 取值。

(3)遇到下列情况时应适当提高混凝土配制强度:

①现场条件与试验室条件有显著差异时;

②C30 及以上强度等级的混凝土,采用非统计方法评定时。

表 4.1.4　混凝土的强度标准差

混凝土的强度等级	小于 C20	C20 ~ C35	大于 C35
σ	4.0	5.0	6.0

2)初步确定水灰比

当混凝土强度等级小于 C60 时,水灰比按下式计算:

$$\frac{W}{C} = \frac{\alpha_a f_{ce}}{f_{cu,0} + \alpha_a \alpha_b f_{ce}}$$

式中　α_a,α_b——回归系数,取值见表 4.1.5;

　　　f_{ce}——水泥 28 d 抗压强度实测值(MPa)。

表 4.1.5　回归系数

系数	石子品种	
	碎石	卵石
α_a	0.46	0.48
α_b	0.07	0.33

当无水泥 28 d 抗压强度实测值时,按下式确定 f_{ce}:

$$f_{ce} = \gamma_e f_{ce,g}$$

式中　$f_{ce,g}$——水泥强度等级值(MPa);

　　　γ_e——水泥强度等级值富余系数,按实际统计资料确定。一般富余系数可取 1.13。

由上式计算出的水灰比应小于表 4.1.1 中规定的最大水灰比。若计算得到的水灰比大于表 4.1.1 中的最大水灰比,则取最大水灰比,以保证混凝土的耐久性。

3)确定用水量 m_{w0}

施工要求的混凝土拌合物的坍落度、所用骨料的种类及最大粒径可查表 4.1.3。水灰比小于 0.40 的混凝土及采用特殊成型工艺的混凝土的用水量应通过试验确定。大流动性混凝土的用水量可以表 4.1.3 中坍落度为 90 mm 时的用水量为基础,按坍落度每增大 20 mm,用水量增加 5 kg 计算出用水量。

4)确定水泥用量 m_{c0}

由已求得的水灰比 W/C 和用水量 m_{w0} 可计算出水泥用量。

$$m_{c0} = m_{w0} \times \frac{C}{W}$$

由上式计算出的水泥用量应大于表 4.1.1 中规定的最小水泥用量。若计算得到的水泥用量小于最小水泥用量,应取最小水泥用量,以保证混凝土的耐久性。

5)确定砂率

砂率可根据试验或历史资料选取。如无历史资料,坍落度为 10 ~ 60 mm 的混凝土的砂率可根据粗骨料的品种、最大粒径及水灰比按表 4.1.2 选取。坍落度大于 60 mm 的混凝土的砂率可经试验确定,也可在表 4.1.2 的基础上,按坍落度每增大 20 mm,砂率增大 1% 的幅度予以调整。坍落度小于 10 mm 的混凝土,砂率应经试验确定。

6)计算砂、石子用量 m_{s0}、m_{g0}

(1)体积法。

该方法假定混凝土拌合物的体积等于各组成材料的体积与拌合物中所含空气的体积之和。如取混凝土拌合物的体积为 1 m³,则可得以下关于 m_{s0}、m_{g0} 的二元方程组。

$$\begin{cases} \dfrac{m_{c0}}{\rho_c} + \dfrac{m_{g0}}{\rho_g} + \dfrac{m_{s0}}{\rho_s} + \dfrac{m_{w0}}{\rho_w} + 0.01\alpha = 1 \ \text{m}^3 \\[2mm] \beta_s = \dfrac{m_{s0}}{m_{s0} + m_{g0}} \times 100\% \end{cases}$$

式中:m_{c0}、m_{s0}、m_{g0}、m_{w0}——每立方米混凝土中水泥、细骨料(砂)、粗骨料(石子)、水的质量(kg);

　　　　β_s——砂率;

　　　　ρ_g、ρ_s——粗骨料、细骨料的表观密度(kg/m³);

　　　　ρ_c、ρ_w——水泥、水的密度(kg/m³);

　　　　α——混凝土的含气量百分数,在不使用引气型外加剂时,α 可取 1。

(2)质量法。

该方法假定 1 m³ 混凝土拌合物的质量等于各组成材料的质量之和,据此可得以下方程组。

$$\begin{cases} m_{c0} + m_{s0} + m_{g0} + m_{w0} = m_{cp} \\[2mm] \beta_s = \dfrac{m_{s0}}{m_{s0} + m_{g0}} \times 100\% \end{cases}$$

式中　　m_{c0}、m_{s0}、m_{g0}、m_{w0}——每立方米混凝土中水泥、细骨料(砂)、粗骨料(石子)、水的质量(kg);

　　　　m_{cp}——每立方米混凝土拌合物的假定质量,可根据实际经验在 2 350 ~ 2 450 kg 之间选取。

通过以上关于 m_{s0} 和 m_{g0} 的二元方程组,可解出 m_{s0} 和 m_{g0}。

水泥混凝土的初步计算配合比(初步满足强度和耐久性要求)为 m_{c0}：m_{s0}：m_{g0}：m_{w0}。

2. 基准配合比

按初步计算配合比进行混凝土配合比的试配和调整。试配时,混凝土的搅拌量可按表4.1.6 选取。当采用机械搅拌时,搅拌量不应小于搅拌机额定搅拌量的1/4。

表 4.1.6　混凝土试拌的最小搅拌量

骨料最大粒径(mm)	拌合物数量(L)	骨料最大粒径(mm)	拌合物数量(L)
31.5 及以下	15	40	25

试拌后立即测定混凝土的工作性。当试拌得出的拌合物坍落度比要求值小时,应在水灰比不变的前提下,增加水泥浆用量;当比要求值大时,应在砂率不变的前提下,增加砂、石子用量;当黏聚性、保水性差时,可适当加大砂率。调整时,应即时记录调整后的各材料用量(m_{cb}、m_{wb}、m_{sb}、m_{gb}),并实测调整后混凝土拌合物的体积密度 ρ_{oh}。令工作性调整后的混凝土试样总质量为

$$m_{Qb} = m_{cb} + m_{wb} + m_{sb} + m_{gb}$$

由此得出基准配合比(调整后 1 m³ 混凝土中各材料的用量):

$$m_{cj} = \frac{m_{cb}}{m_{Qb}} \times \rho_{oh}$$

$$m_{wj} = \frac{m_{wb}}{m_{Qb}} \times \rho_{oh}$$

$$m_{sj} = \frac{m_{sb}}{m_{Qb}} \times \rho_{oh}$$

$$m_{gj} = \frac{m_{gb}}{m_{Qb}} \times \rho_{oh}$$

式中　ρ_{oh}——实测试拌混凝土的体积密度(kg/m³);

m_{cj}——基准配合比混凝土每立方米的水泥用量(kg);

m_{wj}——基准配合比混凝土每立方米的水用量(kg);

m_{sj}——基准配合比混凝土每立方米的细骨料用量(kg);

m_{gj}——基准配合比混凝土每立方米的粗骨料用量(kg)。

3. 试验室配合比

调整后的基准配合比虽工作性已满足要求,但经计算得出的水灰比是否真正满足强度的要求还需要通过强度试验检验。在基准配合比的基础上做强度试验时,采用三个不同的水灰比,其中一个为基准配合比的水灰比,另外两个较基准配合比的水灰比分别增大和减小0.05。其用水量应与基准配合比的用水量相同,砂率可分别增大和减小1%。

制作混凝土强度试验试件时,应检验混凝土拌合物的坍落度和维勃稠度、黏聚性、保水

性及体积密度,并以此结果代表相应配合比的混凝土拌合物的性能。进行混凝土强度试验时,每种配合比至少应制作一组(三块)试件,标准养护 28 d 后试压。需要时可同时制作几组试件,供快速检验或早龄试压,以提前定出混凝土配合比,供施工使用,但应以标准养护 28 d 的强度检验结果为依据调整配合比。

根据试验得出的混凝土强度与灰水比(C/W)的关系,用作图法或计算法求出与混凝土配制强度($f_{cu,0}$)相对应的灰水比,并按下列原则确定每立方米混凝土的材料用量。

(1)用水量(m_w)应在基准配合比的用水量的基础上,根据制作强度试件时测得的坍落度或维勃稠度进行调整确定。

(2)水泥用量(m_c)应以用水量乘以选定的灰水比计算确定。

(3)粗骨料和细骨料用量(m_g 和 m_s)应在基准配合比的粗骨料和细骨料用量的基础上,按选定的灰水比进行调整确定。

经试配确定配合比后,应按下列步骤进行校正。

据前述已确定的材料用量,按下式计算混凝土表观密度计算值:

$$\rho_{cc} = m_c + m_w + m_s + m_g$$

再按下式计算混凝土配合比校正系数 δ:

$$\delta = \frac{\rho_{ct}}{\rho_{cc}}$$

式中 ρ_{ct}——混凝土表观密度实测值(kg/m^3);

ρ_{cc}——混凝土表观密度计算值(kg/m^3)。

当混凝土表观密度实测值与计算值之差的绝对值不超过计算值的 2% 时,以前的配合比即为确定的试验室配合比;当二者之差超过计算值的 2% 时,应将配合比中每项材料的用量均乘以校正系数 δ,即为最终确定的试验室配合比。

试验室配合比在使用过程中应根据原材料情况及混凝土质量检验结果予以调整。但遇到下列情况之一时,应重新进行配合比设计:

(1)对混凝土性能指标有特殊要求时;

(2)水泥、外加剂或矿物掺和料的品种、质量有显著变化时;

(3)该配合比的混凝土生产间断半年以上时。

4. 施工配合比

设计配合比是以干燥材料为基准的,而工地存放的砂石都含有一定的水分,且随着气候的变化而变化。所以,现场材料的实际称量应按施工现场砂石的含水情况进行修正,修正后的配合比称为施工配合比。

假定工地存放的砂含水率为 $a\%$,石子含水率为 $b\%$,则将上述设计配合比换算为施工配合比,各材料称量为

$$m_c = m_{c0}$$

$$m_s = m_{s0}(1 + a\%)$$

$$m_g = m_{g0}(1 + b\%)$$

$$m_{w} = m_{w0} - m_{s0} \times a\% - m_{g0} \times b\%$$

式中　m_{c0}、m_{s0}、m_{g0}、m_{w0}——试验室配合比调整后,每立方米混凝土中水泥、砂、石子和水的
用量(kg)。

应注意,进行混凝土配合比计算时,计算公式中的有关参数和表格中的数值均以干燥
状态的骨料(含水率小于 0.5% 的细骨料或含水率小于 0.2% 的粗骨料)为基准。当以饱和
一面的干骨料为基准进行计算时,则应进行相应的调整,即施工配合比公式中的 $a\%$、$b\%$ 分
别表示现场砂石含水率与其饱和面干含水率之差。

附件 4.1　普通水泥混凝土配合比设计试验报告

普通水泥混凝土配合比设计试验报告

委托单位	阳泉市建筑工程集团总公司		试验单位		巴彦淖尔建宏 监理公司		收样日期		2016年7月2日
工程名称	乌拉特中旗金泉工业园区 道路工程		试验规程		JGJ 55—2011		报告日期		2016年7月30日

设计 条件	结构物名称	设计强度	材料 类型	设计 坍落度	配制强度	养护方式	试件尺寸 (mm×mm×mm)	拌制方法	设计依据
	混凝土基础	20 MPa	碎石	50~70 mm	26.6 MPa	标准养护	150×150 ×150	机械拌制	抗压强度

项目		水灰比	砂率(%)	水泥:粗骨料:细骨料:水
初步计算配合比		0.54	34.0	380:1 198:617:205
基准配合比		0.54	34.0	380:1 198:617:205
检验强度, 确定试验 室配合比	I	0.49	33.0	418:1 191:586:205
	II	0.54	34.0	380:1 198:617:205
	III	0.59	35.0	347:1 201:647:205
试验室配合比		0.54	34.0	343:1 236:636:185 1:3.603:1.854:0.539 实测坍落度:65 mm

结论:

备注:

试验:　　　　　录入:　　　　　复核:　　　　　批准:

4.2　水泥混凝土和易性试验

和易性是混凝土拌合物易于施工操作(搅拌、运输、浇灌、捣实)并能获得质量均匀、成
型密实的混凝土的性能。和易性是一项综合的技术性质,包括流动性、黏聚性、保水性三方
面的含义。

测定和易性的技术方法很多,估计有 100 种。很难用一种指标全面反映混凝土拌合物
的和易性,通常以测定拌合物的稠度(即流动性)为主,而黏聚性和保水性主要通过观察的
方法进行评定。

国家标准《普通混凝土拌合物性能试验方法标准》(GB/T 50080—2016)规定,对于塑性
流动性混凝土拌合物,普遍采用的方法是用坍落度表示混凝土拌合物流动性的大小,用直

观法并凭经验来评定黏聚性和保水性。

一、试验目的

通过混凝土和易性试验,检测混凝土拌合物的和易性是否满足设计、施工以及国家相关规范的要求。

二、试验原理

混凝土由各组成材料按一定比例配合、搅拌而成。混凝土拌合物的和易性是一项综合性的指标,包括流动性、黏聚性和保水性等三方面的性能。由于它的内涵较为复杂,我国现行的标准规定,采用坍落度来测定混凝土拌合物的流动性。(本试验适用于坍落度不小于 10 mm,骨料粒径不大于 40 mm 的混凝土拌合物)

三、试验仪器

(1)坍落度筒(图 4.2.1):由薄钢板制成的截头圆锥筒,其内壁应光滑、无凸凹部位。底面和顶面应互相平行并与锥体的轴线垂直。在坍落度筒外 2/3 高度处安两个把手,下端焊脚踏板。筒的内部尺寸:底部直径(200 ± 2)mm;顶部直径(100 ± 2)mm;高度(300 ± 2)mm;筒壁厚度不小于 1.5 mm。

(2)金属捣棒:直径 16 mm,长 600 mm,端部为弹头形。

(3)铁板:600 mm × 600 mm,厚 3 ~ 5 mm,表面平整。

(4)钢尺和直尺:300 ~ 500 mm,最小刻度 1 mm。

(5)小铁铲、馒刀等。

图 4.2.1　坍落度筒

四、试验步骤

(1)按比例配出 15 kg 拌合料(如水泥 1.9 kg、砂 4.2 kg、石子 7.7 kg、水 1.2 kg),将它们倒在铁板上并用铁锹拌匀,再在中间扒一个凹洼,边加水边搅拌,直至拌合均匀。

(2)用湿布将铁板及坍落度筒内外擦净、润滑,并在筒顶部加上漏斗,放在铁板上。用双脚踩紧坍落度筒踏板,使其位置固定。

(3)用小铲将拌好的拌合物分三层均匀地装入筒内,每层装入高度在插捣后大致为筒高的三分之一。顶层装料时,应使拌合物高出筒顶。在插捣过程中,如试样沉落到低于筒口,则应随时添加,以自始至终保持高于筒顶。每装一层用捣棒插捣 25 次,插捣应在全部面积上进行,沿螺旋线由边缘逐渐向中心。在筒边插捣时,捣棒应稍倾斜,然后垂直插捣中心部分。每层插捣应捣至下层表面为止。

(4)插捣完毕后卸下漏斗,将多余的拌合物用镘刀刮去,使之与筒顶面齐平,筒周围铁板上的杂物必须刮净、清除。

(5)将坍落度筒小心平稳地竖直向上提起,不得歪斜,提离过程在 5 ~ 10 s 内完成,将筒放在拌合物试体一旁,量出的坍落后拌合物试体最高点与筒的高度差(以 mm 为单位,读数精确至 5 mm)即为该拌合物的坍落度,如图 4.2.2 所示。从开始装料到提起坍落度筒的整个过程在 150 s 内完成。

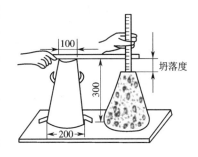

图 4.2.2

(6)当坍落度筒提离后,如试件发生崩坍或一边剪坏,则应重新取样进行试验。如第二次仍然出现这种现象,则表示该拌合物和易性不好,应予记录备案。

(7)测定坍落度后,观察拌合物的下述性质并记录。

①黏聚性:用捣棒在已坍落的拌合物锥体侧面轻轻敲打,如果锥体逐步下沉,表示黏聚性良好;如果突然倒塌、部分崩裂或石子离析,则黏聚性不好。

②保水性:当提起坍落度筒后,如有较多的稀浆从底部析出,锥体部分的拌合物也因失浆而骨料外露,则表明保水性不好;如无这种现象,则表明保水性良好。

注意事项:

(1)装料时,将坍落度筒固定在拌合铁板上,保持位置不动;

(2)提升坍落度筒时避免左右摇摆;

(3)在试验过程中密切观察混凝土的外观状态。

五、试验结果评定

坍落度越大,流动性越好。根据混凝土拌合物坍落度 S 的大小,可将混凝土进行如下分级。

①低塑性混凝土,$S = 10 ~ 40$ mm。

②塑性混凝土,$S = 50 ~ 90$ mm。

③流动性混凝土,$S = 100 ~ 150$ mm。

④大流动性混凝土,$S \geqslant 160$ mm。

若 $S \leqslant 10$ mm,则为干硬性混凝土。

除了以坍落度的大小评定混凝土拌合物的流动性之外,还可用目测法评定混凝土拌合物的下列性质。

(1)棍度:按插捣混凝土拌合物时的难易程度评定,分"上""中""下"三级。"上"表示插捣很容易;"中"表示插捣时稍有石子阻滞的感觉;"下"表示很难插捣。

(2)含砂情况:按混凝土拌合物外观含砂的多少评定,分"多""中""少"三级。"多"表示用镘刀抹混凝土表面时,一两次即可将混凝土表面抹平,砂浆含量十分高;"中"表示用镘刀抹五六次可将混凝土表面抹平;"少"表示抹平很困难,表面有麻面。

(3)黏聚性:观察混凝土拌合物各组成成分相互黏聚的情况。评定方法:用捣棒在已坍落的锥体一侧轻轻敲打,如果锥体在敲打后渐渐下沉,表示黏聚性良好;如果锥体突然倒塌、部分崩裂或发生石子离析现象,即表示黏聚性不好。

(4)析水情况:指水分从拌合物中析出的情况,分"多量""少量""无"三级。"多量"表示提起坍落度筒后,有较多的水分从底部析出;"少量"表示提起坍落度筒后,有较少的水分从底部析出;"无"表示提起坍落度筒后,没有水分析出。

附件4.2　混凝土拌合物坍落度试验记录

混凝土拌合物坍落度试验记录

（编号：　　　　　　　）

建设项目：郑新快速通道与郑州西南绕城高速公路互通式立交新建工程　施工单位：中铁四局　合同号：ZXTDLJ-SG

结构物名称：

取样地点	坍落度（mm）		坍落度平均值（mm）	评定情况												
	1	2		粗度			含砂情况				保水性			黏聚性		
				上	中	下	多	中	少	多量	少量	无	良好	不好	

取样日期：　　　　　　　　　试验日期：

试验：　　　　　　计算：　　　　　　复核：

D-42.1

4.3 水泥混凝土抗压强度试验

水泥混凝土的强度是混凝土结构设计的依据之一。由于荷载的作用方式不同,混凝土强度分为抗压强度、抗拉强度、抗剪强度等。其中抗压强度最大,结构物常以抗压强度为主要的参数进行设计。抗压强度与其他强度有一定的内在联系,因此在工程实践中常以抗压强度评定混凝土质量。

水泥混凝土抗压强度试验包括两方面的内容:一是水泥混凝土试件制作与养护试验;二是水泥混凝土立方体抗压强度试验,二者是密不可分的。

4.3.1 水泥混凝土试件制作与养护试验

一、试验目的

采用标准的混凝土成型方法和养护方式,是进行混凝土最重要的技术性质——力学强度测定的基本要求,应通过试验掌握正确的混凝土试件制作方法和养护条件。

二、试验仪器

(1)振动台(图4.3.1):振动频率(3 000 ±200)次/min,承载负荷时的振幅为0.35 mm。

图4.3.1 振动台

(2)试模(图4.3.2):由铸铁或钢制成,几何尺寸如表4.3.1所示。

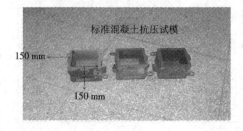

图4.3.2 试模

表 4.3.1　水泥混凝土试模的尺寸及换算系数

试验内容	试模内部尺寸(mm×mm×mm)		骨料最大公称粒径 (mm)	尺寸换算系数
抗压强度	标准试件	150×150×150	31.5	1.00
	非标准试件	200×200×200	53.0	1.05
		100×100×100	26.5	0.95
抗折强度	标准试件	150×150×550	31.5	1.00
	非标准试件	100×100×400	26.5	0.85
劈裂抗拉强度	标准试件	150×150×150	31.5	1.00
	非标准试件	100×100×400	26.5	0.85

(3)其他工具(图 4.3.3):刮刀、捣棒、金属直尺、湿布等。

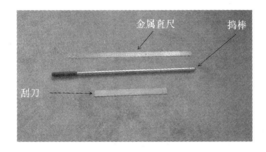

图 4.3.3　其他工具

三、试验步骤

1. 试件成型

(1)装配好试模,避免组装变形或使用变形的试模,并在试模内部薄薄抹一层脱模剂。

(2)将拌合 15 min 后的拌合物填入试模中。如采用振动的方式振捣密实,可将已装填拌合物的试模固定在振动台上,接通电源振动至表面出现水泥浆为止,时间一般控制在1.5 min;如采用插捣的方式,则将拌合物分两层装入试模中,用捣棒以螺旋形从边缘向中心均匀插捣,插捣次数随试件尺寸的不同而不同,实际次数见表 4.3.2。底层捣至试模底部,上两层捣至下层 20~30 mm 的位置。注意插捣时应垂直压入,而不是冲击。整个成型过程要求在 45 min 内完成。

表 4.3.2　不同混凝土试件成型时的插捣次数

试件尺寸(mm×mm×mm)	每层插捣次数	试件尺寸(mm×mm×mm)	每层插捣次数
(抗压)150×150×150	25	(抗折)150×150×550	100
(抗压)200×200×200	50	(抗折)100×100×400	50
(抗压)100×100×100	12	(轴心抗折)150×150×300	75

（3）插捣结束后，用刮刀刮去多出的部分，再收面抹平，试件表面与试模边缘高低差不得超过 0.5 mm。

2. 养护

（1）在成型好的试模上覆盖湿布，防止水分蒸发，在室温（20 ± 5）℃、相对湿度大于50% 的条件下静置 1 ~ 2 d。到时间拆模，进行外观检查、编号，并对局部缺陷进行加工修补。

（2）将试件移至标准养护室的架子上，彼此间应有 30 ~ 50 mm 的距离，养护条件为温度（20 ±2）℃、相对湿度 95% 以上，直至规定的龄期。

4.3.2　水泥混凝土立方体抗压强度试验

一、试验目的

掌握《普通混凝土力学性能试验方法标准》（GB/T 50081—2002）及《混凝土强度检验评定标准》（GB/T 50107—2010），测定混凝土抗压强度等级，为确定和校核混凝土配合比及控制施工质量提供依据。

二、试验原理

根据国家标准《普通混凝土力学性能试验方法标准》（GB/T 50081—2002）的规定，将混凝土拌合物制成边长为 150 mm 的立方体试件，在标准条件（温度（20 ± 2）℃，相对湿度95% 以上）下养护，或在温度为（20 ± 2）℃的不流动的氢氧化钙饱和溶液中养护，养护 28 d 测得的抗压强度为混凝土立方体试件抗压强度（简称立方体抗压强度），以 f_{cu} 表示。

混凝土立方体抗压强度标准值（简称立方体抗压强度标准值）是按标准方法制作和养护的边长为 150 mm 的立方体试件，在 28 d 龄期按标准试验方法测得的强度总体分布中具有不低于 95% 的保证率的抗压强度值，以 $f_{cu,k}$ 表示。

《混凝土结构设计规范》（GB 50010—2010）规定，混凝土强度等级应按混凝土立方体抗压强度标准值来划分。混凝土强度等级采用符号 C 与立方体抗压强度标准值（以 MPa 计）表示。普通混凝土划分为 14 个强度等级：C15、C20、C25、C30、C35、C40、C45、C50、C55、C60、C65、C70、C75、C80。

三、试验仪器

（1）压力机（图 4.3.4）或万能试验机：要能够满足混凝土加载吨位的要求。设备的球座材质坚硬，转动灵活。

图 4.3.4 压力机

（2）金属直尺（图 4.3.5）。

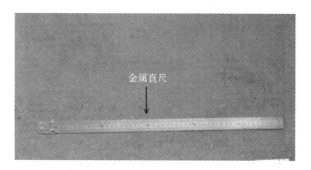

图 4.3.5 金属直尺

四、试验步骤

（1）将养护到指定龄期的混凝土试件取出，擦除表面的水分，见图 4.3.6。

图 4.3.6 养护到指定龄期的混凝土试件

（2）检查试件外观，测量尺寸，看是否变形，如图 4.3.7 所示。试件如有蜂窝缺陷，可以在试验前 3 d 用水泥浆填补修整，但需在报告中加以说明。

图 4.3.7　进行尺寸测量并检查试件外观

（3）以试件成型时的侧面作为受压面,将混凝土试件置于压力机中心,见图 4.3.8。

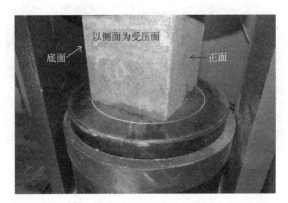

图 4.3.8　将试件置于压力机中心

（4）施加荷载(图 4.3.9),对于强度等级小于或等于 C30 的混凝土,加载速度为 0.3 ~ 0.5 MPa/s;当强度等级大于 C30、小于或等于 C60 时,加载速度取 0.5 ~ 0.8 MPa/s;当强度等级大于 C60 时,加载速度取 0.8 ~ 1.0 MPa/s。

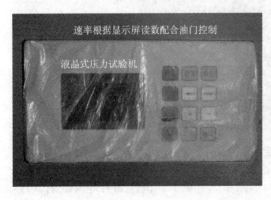

图 4.3.9　施加荷载

（5）当试件接近破坏而开始迅速变形时,应停止调整试验机的油门,直到试件破坏(图4.3.10),记录破坏时的极限荷载。

图 4.3.10　试件破坏

五、试验数据处理

水泥混凝土抗压强度通过下式计算:

$$f_{cu} = k \times \frac{F_{max}}{A_0}$$

式中　f_{cu}——水泥混凝土抗压强度(MPa);

　　　F_{max}——极限荷载(N);

　　　A_0——试件受压面积(mm^2);

　　　k——尺寸换算系数(见表4.3.1)。

（1）以三个试件测值的算术平均值为测定值,计算精确至0.1 MPa。三个测值中的最大值或最小值,如有一个与中间值之差超过中间值的15%,则取中间值为测定值;如最大值、最小值与中间值之差均超过中间值的15%,则该组试验结果无效。

（2）当混凝土强度等级小于C60时,非标准试件的抗压强度应乘以尺寸换算系数(表4.3.3),并应在报告中注明。当混凝土强度等级大于或等于C60时,宜用标准试件,使用非标准试件时,换算系数由试验确定。

表 4.3.3　立方体抗压强度的尺寸换算系数

试件尺寸(mm)	尺寸换算系数	试件尺寸(mm)	尺寸换算系数
$100 \times 100 \times 100$	0.95	$200 \times 200 \times 200$	1.05

六、试验注意事项

（1）在试验过程中一定要严格按照加载速度要求对混凝土试件进行加载,否则,速度过快试验结果会偏大,速度过慢试验结果会偏小。

（2）混凝土试件要放在压力机的中心位置(以下压板的同心圆来控制,试件的四个角要在同心圆内)。

（3）在试验过程中一定要戴防护镜,防止试件崩裂。

（4）压力机通常有若干个加载量程,试验时应选择合适的加载量程,一般要求最大破坏荷载在所选量程的 20%~80%,否则可能引起较大的误差。选择的思路:根据混凝土设计强度（或判断可能达到的强度）,通过强度计算公式反算出在此强度状况下的最大破坏荷载,如果该荷载在某量程的 20% 以上、80% 以下,则该量程是合适的加载量程。

七、试验操作及要求

根据上述内容,认真完成试验,填写表 4.3.4。

表 4.3.4 试验记录表

混凝土抗压强度试验记录						检测地点	力学室	检测环境	$t=21$ ℃ $P=48\%$		
						养护条件	标养	受压尺寸	150 mm × 150 mm		
委托编号	试验编号	接受任务日期	检测日期	龄期(d)	强度等级	试件规格 (mm × mm ×mm)	抗压荷载(kN)				
							1	2	3		
2010-0001	2010KY-001	2010-01-02	2010-01-30	28	C30	150×150 ×150	832.7	819.6	825.4		
检验依据	JTG E30—2005		仪器设备名称及编号								
备注	实际受压尺寸如符合试件尺寸的公差要求,用"√"表示,否则注明实际尺寸。										
报告打印		录入校核		数据录入		检验校核		主检			

附件 4.3　混凝土抗压强度检测报告

混凝土抗压强度检测报告

20101000454R

检测类别：见证

工程名称：布兰肯铁塔基础26#

工程地址：—

建设单位：徐州送变电有限公司

施工单位：徐州文信建设工程有限公司

见证单位：徐州金桥建设监理有限公司

| | | | | | | | | | 报告编号：C005104111109256 |
| | | | | | | | | | 委托编号：201102292 |

委托单位：徐州文信建设工程有限公司　　　质 监 号：

样品名称：混凝土试件

样品状态：可检　　　委托日期：2011-12-08

检测依据：《普通混凝土力学性能试验方法标准》　　检测日期：2012-01-01

见 证 人：闫刚　　　报告日期：2012-01-04

见 证 号：JP-005

样品编号	工程部位	生产厂家	强度等级	养护条件	成型日期	试验日期	龄期(d)	试件规格(mm×mm×mm)	抗压强度（MPa）			备注
									单块值	换算系数	代表值	
104111-02308	基础	嘉鹏	C20	标养	2011-12-03	2012-01-01	28	150×150×150	31.0 32.7 33.6	1.00	32.4	
				以 下 空 白								

| 检测环境 | 20℃ | | | 检测设备 | YEW-3000 电液伺服3 000 kN 压力机（S4-614） | | | | | | | |

备注

说明：1.报告未加盖"检测报告专用章"或内容涂改无效。　　2.未经本单位书面同意，部分复制报告无效。

3.委托送样检测结果仅对来样负责。　　4.对检测结果若有异议，请于收到报告十五日内以书面形式向本单位提出。

签 发：　　　审 检：　　　检 测：

证 号：00667　　　证 号：02576　　　证 号：00637

检测单位：徐州市建设工程检测中心

地　址：徐州市金山桥开发区杨山路22号

电　话：0516-87896391　　邮　编：221004

4.4　水泥混凝土抗折试验

一、试验目的

水泥混凝土抗折强度是 150 mm × 150 mm × 550 mm 的梁形试件在标准养护条件下达到规定的龄期后,在净跨 450 mm、双支点荷载作用下进行弯拉破坏试验,并按规定的方法计算得到的强度值。水泥混凝土抗折强度是混凝土的主要力学指标之一,通过试验取得的检测结果是路面混凝土组成设计的重要参数。

二、试验仪器

(1)万能试验机或 50 ~ 300 kN 的抗折机。

(2)抗折试验装置(图 4.4.1):由双点加载压头和活动支座组成。

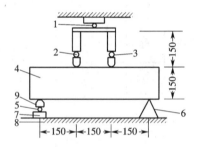

图 4.4.1　抗折试验装置(尺寸单位:mm)

1、2——一个钢球;3、5——两个钢球;4——试件;
6—固定支座;7—活动支座;8—机台;9—活动船形垫块

三、试件养护

(1)试件尺寸应符合混凝土试件制作的规定,同时在试件长向中部 1/3 区段内表面不得有直径超过 5 mm、深度超过 2 mm 的孔洞。

(2)混凝土抗折试件应取同龄期者为一组,每组 3 根同条件制作和养护的试件。

四、试验步骤

(1)试件取出后,用湿毛巾覆盖并及时进行试验,保持试件干湿状态不变。在试件中部量出其宽度和高度,精确至 1 mm。

(2)调整两个活动支座,将试件安放在支座上,试件成型时的侧面朝上,几何对中后,务必使支座及承压面与活动船形垫块的接触面平稳、均匀。

(3)加荷时,应保持均匀、连续。当混凝土的强度等级小于 C30 时,加荷速度为 0.02 ~ 0.05 MPa/s;当混凝土的强度等级大于等于 C30 且小于 C60 时,加荷速度为 0.05 ~ 0.08

MPa/s;当混凝土的强度等级大于或等于 C60 时,加荷速度为 0.08 ~ 0.10 MPa/s。当试件接近破坏而开始迅速变形时,不得调整试验机油门,直至试件破坏,记下破坏极限荷载 $F(N)$。

（4）记录下最大荷载和试件下边缘断裂位置。

五、试验数据处理

水泥混凝土抗折强度通过下式计算:

$$f_{cf} = \frac{FL}{bh^2}$$

式中　f_{cf}——抗折强度(MPa);

　　　F——极限荷载(N);

　　　L——支座间距(标准试件为 450 mm);

　　　b、h——试件的宽和高(标准试件均为 150 mm)。

（1）以三个试件测值的算术平均值作为测定值。如有一个测值与中间值的差超过中间值的 15% ,取中间值为测定结果;如两个测值与中间值的差都超过中间值的 15% ,则该组试验结果作废。

（2）三个试件中如有一个断裂面位于加荷点外侧,则混凝土抗折强度按另外两个试件的试验结果计算。如果这两个测值的差值不大于这两个测值中较小值的 15% ,则这两个测值的平均值为测试结果;否则结果无效。如果有两个试件断裂面位于加荷点外侧,则该组试验结果无效。

（3）压力机通常有若干个加载量程,试验时应选择合适的加载量程,一般要求最大破坏荷载在所选量程的 20% ~ 80% ,否则可能引起较大的误差。选择的思路:根据混凝土设计强度(或判断可能达到的强度),通过强度计算公式反算出在此强度状况下的最大破坏荷载,如该荷载在某量程的 20% 以上、80% 以下,则该量程是合适的加载量程。

六、试验注意事项

（1）试件从养护环境取出后应尽快进行试验,以避免试件内部的湿度发生显著变化而影响测定结果。

（2）在试验过程中一定要严格按照加载速度要求对混凝土试件进行加载,否则,速度过快试验结果会偏大,速度过慢试验结果会偏小。

（3）试验开始时,要按照尺寸将试件放在抗折试验装置上。

附件4.4 水泥混凝土抗折强度试验检测报告

第 1 页，共 1 页

水泥混凝土抗折强度试验检测报告

JB010545

试验室名称：镇安县通乡公路工地试验室   报告编号：GM1-MC-KZ-0001

工程部位/用途	K10+000~K10+350　路面面层		监理单位	陕西海星监理有限公司	
施工单位	陕西大道建筑工程有限公司		样品编号	GM1-MC-KZ-0001	
工程名称	镇安县古道沟至庙沟公路改建工程Ⅰ标段		样品描述	无缺损	
试验依据	JTG E30—2005		判定依据	GB/T 50107—2010	
主要仪器设备及编号	600型				
设计强度等级	4.5 MPa	养护方式	标准养护	试件尺寸（mm×mm×mm）	150×150×150
拌合方式	强制式	成型方法	人工成型	取样地点	工地施工现场
坍落度（mm）	35		支座间距（mm）	450	

试件编号	制件日期	试验日期	龄期（d）	极限荷载（kN）	抗折强度单值（MPa）	抗折强度平均值（MPa）
1				33.19	4.43	
2	2013-10-11	2013-11-08	28	31.33	4.18	4.40
3				34.33	4.58	
4				32.68	4.36	
5	2013-10-11	2013-11-08	28	32.20	4.29	4.24
6				30.53	4.07	

检测结论：依据JTG E30—2005进行试验，结果符合设计强度要求

备注：

4.5　水泥混凝土抗渗试验

　　混凝土的抗渗性,指的是混凝土材料抵抗压力水渗透的能力,它是决定混凝土的耐久性最基本的因素。钢筋锈蚀、冻融循环、硫酸盐侵蚀和碱骨料反应导致混凝土品质劣化的原因中水能够渗透到混凝土内部是破坏的前提,也就是说,水或者直接导致膨胀和开裂,或者作为侵蚀介质扩散至混凝土内部。所以,混凝土的抗渗性对于混凝土的耐久性具有重大的意义。

一、试验目的

　　主要用于检测混凝土硬化后的防水性能,以测定其抗渗标号。

二、试验原理

　　混凝土的抗渗性一般采用抗渗等级来表示。按标准试验方法进行抗渗试验,抗渗等级用每组 6 个试件中 4 个试件未出现渗水时的最大水压力来表示,分为 P4、P6、P8、P10、P12五个等级,即相应表示能抵抗 0.4 MPa、0.6 MPa、0.8 MPa、1.0 MPa、1.2 MPa 的水压力而不渗水。抗渗等级大于 P6 的混凝土为抗渗混凝土。

三、试验仪器

　　(1)HS-40 型混凝土抗渗仪(抗渗仪最大压力:5 MPa;水泵柱塞直径:12 mm;行程:10 mm;工作方式:电动、手动两用;外形尺寸:1 100 mm × 900 mm × 600 mm),如图 4.5.1所示。

　　(2)成型模型:直径、高度均为 150 mm 的圆柱体。

　　(3)螺旋加压器、烘箱、电炉、浅盘、铁锅、钢丝刷、混凝土脱模剂。

　　(4)密封材料:石蜡(内掺松香 2%)。

四、试验步骤

　　(1)本次试验所采用的试件是直径、高度都为 150 mm 的圆柱体,共分为三组,每组 6 个试件。制作试件时采用人工插捣成型,分两层装入混凝土拌合料(两层厚度一样),每层插捣 25 次,待试件成型后 24 h 拆模,用钢丝刷刷净两端面的水泥浆膜。

　　(2)在标准条件下养护,如结合工程需要,则在浇筑地点制作,每单位工程试件不少于两组,其中至少一组应在标准条件下养护,其余试件与构件在相同条件下养护,试件养护期不少于 28 d,不超过 90 d。

　　(3)试件到期后取出,擦干表面,用钢丝刷刷净两端面,待表面干燥后,在试件侧面滚涂一层熔化的石蜡,然后立即在螺旋加压器上将其压入用烘箱预热过的试模中,使试件底面和试模底面平齐,待试模变冷后可解除压力,装在抗渗仪上进行试验。

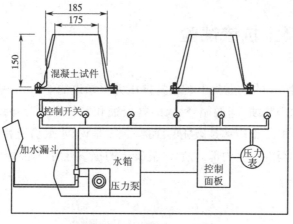

图 4.5.1   混凝土抗渗仪

（4）试验时，水压从 0.1 MPa 开始，每隔 8 h 增大 0.1 MPa，并随时注意观察试件端面的情况，经过 24 h 后，6 个试件中有 3 个试件表面发现渗水，记下此时的水压力 0.4 MPa，停止试验。

（5）对劈裂试件进行分析：渗水高度越小，抗渗强度越大。

（6）在试验过程中，如发现水从试件周边渗出，则应停止试验，重新密封。

五、试验数据处理

抗渗标号按下式计算：

$$P = 10H - 1$$

式中 P——混凝土抗渗标号；

H——第 3 个试件顶面开始渗水时的水压力（MPa）。

附件 4.5　混凝土抗渗性能试验记录

水泥混凝土抗渗性能试验记录

委托单位＿＿＿＿＿＿＿＿＿＿＿＿＿＿＿＿＿＿　　记录编号＿＿＿＿＿＿＿＿＿＿＿＿＿＿＿＿＿

施工单位＿＿＿＿＿＿＿＿＿＿＿＿＿＿＿＿＿＿　　委托编号＿＿＿＿＿＿＿＿＿＿＿＿＿＿＿＿＿

工程名称＿＿＿＿＿＿＿＿＿＿＿＿＿＿＿＿＿＿　　委托日期＿＿＿＿＿＿＿＿＿＿＿＿＿＿＿＿＿

施工部位＿＿＿＿＿＿＿＿＿＿＿＿＿＿＿＿＿＿　　试件编号＿＿＿＿＿＿＿＿＿＿＿＿＿＿＿＿＿

代表数量＿＿＿＿＿＿＿＿＿＿＿＿＿＿＿＿＿＿　　试验日期＿＿＿＿＿＿＿＿＿＿＿＿＿＿＿＿＿

仪器设备及环境条件	仪器设备名称	型号	管理编号	示值范围	分辨力	温度(℃)	相对湿度(%)
样品状态描述				采用标准			

（1）技术条件

设计强度等级		设计抗渗等级			理论配合比报告编号		
理论配合比				施工配合比			
工地拌合方法		工地捣实方法			制件时捣实方法		
制件时坍落度(mm)		制件时扩展度(mm)			制件时维勃稠度(s)		
制件日期		试件尺寸(mm)		养护方法		龄期(d)	

（2）混凝土使用材料情况

材料名称	材料产地	品种规格	报告编号	施工拌合用料量(kg/m³)
水泥				
掺和料 1				
掺和料 2				
细骨料				
粗骨料				
外加剂 1				
外加剂 2				
拌合水				

（3）抗渗记录

加水压时间		水压 H(MPa)	试件透水情况记录						值班人
			1#	2#	3#	4#	5#	6#	
确定抗渗等级 P(P = 10H − 1)									

附注：

试验：　　　　　　　　　　计算：　　　　　　　　　　复核：

4.6 水泥混凝土含气量试验

一、试验范围

本方法适用于测定骨料最大粒径不大于 40 mm 的混凝土拌合物的含气量。

二、试验仪器

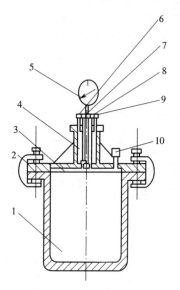

图 4.6.1 含气量测定仪

1—容器;2—盖体;3—水找平室;
4—气室;5—压力表;6—排气阀;
7—操作阀;8—排水阀;9—进气阀;
10—加水阀

（1）含气量测定仪:如图 4.6.1 所示,由容器及盖体两部分组成。容器:由硬质、不易被水泥浆腐蚀的金属制成,内表面粗糙度不应大于 3.2 μm,内径应与深度相等,容积为 7 L。盖体:用与容器相同的材料制成。盖体部分应该包括气室、水找平室、加水阀、排水阀、操作阀、进气阀、排气阀及压力表。压力表的量程为 0 ~ 0.25 MPa,精度为 0.01 MPa。容器与盖体之间应设置密封垫圈,用螺栓连接,连接处不得有空气存留,并保证密闭。

（2）捣棒:应符合《混凝土坍落度仪》（JG/T 248—2009）中有关技术要求的规定,用圆钢制成,表面光滑,直径为（16 ± 0.1）mm,长度为（600 ± 5）mm,且端部呈半球形。

（3）振动台:应符合《混凝土试验用振动台》（JG/T 245—2009）中技术要求的规定。

（4）台秤:称量 50 kg,感量 50 g。

（5）橡皮锤:应带有质量约为 250 g 的橡皮锤头。

三、试验步骤

1. 骨料含气量的测定

在测定拌合物的含气量之前,应先按下列步骤测定拌合物所用骨料的含气量。

（1）应按下式计算每个试样中粗、细骨料的质量:

$$m_g = \frac{V}{1\,000} \times m'_g$$

$$m_s = \frac{V}{1\,000} \times m'_s$$

式中 m_g、m_s——每个试样中粗、细骨料的质量（kg）;

m'_g、m'_s——每立方米混凝土拌合物中粗、细骨料的质量（kg/m³）;

V——含气量测定仪容器容积（L）。

（2）先向容器中注入 1/3 高度的水,然后把通过 40 mm 网筛的质量分别为 m_g、m_s 的粗、细骨料称好、拌匀,慢慢倒入容器中。水面每升高 25 mm 左右,轻轻插捣 10 次,并略予搅动,以排除夹杂进去的空气,在加料过程中应始终保持水面高出骨料的顶面;骨料全部加入后,应浸泡约 5 min,再用橡皮锤轻敲容器外壁,排净气泡,除去水面的泡沫,加满水,擦净容器上口边缘;装好密封垫圈,加盖并拧紧螺栓。

（3）关闭操作阀和排气阀,打开排水阀和加水阀,通过加水阀向容器内注入水;当从排水阀流出的水流不含气泡时,在注水的状态下,同时关闭加水阀和排水阀。

（4）开启进气阀,用气泵向气室内注入空气,使气室内的压力略大于 0.1 MPa,待压力表显示值稳定后微微开启排气阀,调整压力至 0.1 MPa,然后关闭排气阀。

（5）开启操作阀,使气室里的压缩空气进入容器,待压力表显示值稳定后记录示值 p_{g1},然后开启排气阀,压力表表示值应回零。

（6）重复以上步骤,对容器内的试样再检测一次,记录示值 p_{g2}。

（7）若 p_{g1} 和 p_{g2} 的相对误差小于 0.2%,则取 p_{g1} 和 p_{g2} 的算术平均值,由压力与含气量关系曲线查得骨料的含气量 A_g(精确到 0.1%);若不满足,则应进行第三次试验,测得压力值 p_{g3}。当 p_{g3} 与 p_{g1}、p_{g2} 中较接近的一个值的相对误差不大于 0.2% 时,取此二值的算术平均值;当仍大于 0.2% 时,此次试验无效,应重做。

2. 混凝土拌合物含气量试验

（1）用湿布擦净容器和盖的内表面,装入混凝土拌合物试样。

（2）捣实可采用手工或机械方法。当拌合物坍落度大于 70 mm 时,宜采用手工插捣;当拌合物坍落度不大于 70 mm 时,宜采用机械振捣,如采用振动台或振捣器等。用捣棒捣实时,应将混凝土拌合物分 3 层装入,每层捣实后高度约为 1/3 容器高度;每层装料后由边缘向中心均匀地插捣 25 次,捣棒应插透本层高度,再用木锤沿容器外壁重击 10～15 次,使插捣留下的插孔被填满;最后一层装料应避免过满。采用机械捣实时,一次性装入捣实后体积为容器容量的混凝土拌合物,装料时可用捣棒稍加插捣,在捣实过程中如拌合物低于容器口,应随时添加;振动至混凝土表面平整、出浆为止,不得过度振捣;若使用插入式振动器捣实,应避免振动器触及容器内壁和底面。在施工现场测定混凝土拌合物的含气量时,应采用与施工振动频率相同的机械方法捣实。

（3）捣实完毕后立即用刮尺刮平,表面如有凹陷应予填平抹光;如需同时测定拌合物的表观密度,可在此时称量和计算。然后在正对操作阀孔的混凝土拌合物表面贴一小片塑料薄膜,擦净容器上口边缘,装好密封垫圈,加盖并拧紧螺栓。

（4）关闭操作阀和排气阀,打开排水阀和加水阀,通过加水阀向容器内注入水;当从排水阀流出的水流不含气泡时,在注水的状态下,同时关闭加水阀和排水阀。

（5）开启进气阀,用气泵向气室内注入空气,使气室内的压力略大于 0.1 MPa,待压力表显示值稳定后微微开启排气阀,调整压力至 0.1 MPa,然后关闭排气阀。

（6）开启操作阀,待压力表显示值稳定后,测得压力值 p_{01}(MPa)。

（7）开启排气阀,压力表显示值回零;重复步骤（5）、（6）,对容器内的试样再检测一次,

记录压力值 p_{02}(MPa)。

(8)若 p_{01} 和 p_{02} 的相对误差小于 0.2%,则取 p_{01}、p_{02} 的算术平均值,由压力与含气量关系曲线查得含气量 A_0(精确至 0.1%);若不满足,则应进行第三次试验,测得压力值 p_{03}(MPa)。当 p_{03} 与 p_{01}、p_{02} 中较接近的一个值的相对误差不大于 0.2% 时,取此二值的算术平均值并查得 A_0;当仍大于 0.2% 时,此次试验无效,应重做。

四、试验数据处理

混凝土拌合物的含气量应按下式计算:
$$A = A_0 - A_g$$
式中　A——混凝土拌合物含气量(%);

　　　A_0——两次含气量测定的平均值(%);

　　　A_g——骨料含气量(%),计算精确至 0.1%。

五、含气量测定仪容器容积的标定及率定

1. 容器容积的标定

(1)擦净容器,并将含气量测定仪全部安装好,测定其总质量,精确至 50 g。

(2)往容器内注水至上缘,然后将盖体安装好,关闭操作阀和排气阀,打开排水阀和加水阀,通过加水阀向容器内注入水。当从排水阀流出的水流不含气泡时,在注水的状态下,同时关闭加水阀和排水阀,再测定其总质量,精确至 50 g。

(3)容器的容积应按下式计算:
$$V = (m_2 - m_1)/\rho_w \times 1\,000$$
式中　V——含气量测定仪容器的容积(L);

　　　m_1——干燥的含气量测定仪的总质量(kg);

　　　m_2——水、含气量测定仪的总质量(kg);

　　　ρ_w——容器内水的密度(kg/m³),计算应精确至 0.01 g/m³。

2. 容器容积的率定

(1)按上述操作步骤测得含气量为 0 时的压力值。

(2)开启排气阀,压力表显示值回零;关闭操作阀和排气阀,打开排水阀,在排水阀口用量筒接水;用气泵缓缓地向气室内打气,当排出的水量恰好是含气量测定仪容器容积的 1% 时,按上述步骤测得含气量为 1% 时的压力值。

(3)继续测含气量分别为 2%、3%、4%、5%、6%、7%、8% 时的压力值。

(4)以上试验均应进行两次,各次所测的压力值均应精确至 0.01 MPa。

(5)对以上各次试验均应进行检验,其相对误差均应小于 0.2%;否则应重新率定。

(6)据此检验含气量为 0、1%、……、8% 共 9 次的测量结果,绘制含气量与气体压力之间的关系曲线。

附件 4.6　水泥混凝土含气量试验检测报告

水泥混凝土含气量试验检测报告

工程名称					工程部位		管涵垫层	
委托单位					委托单号		101141	
样品编号	水泥:2011YPF105 砂:2011YPF281 碎石:2011YPF291,2011YPF292,2011YPF293				试验日期		2011 年 7 月 31 日	
试验条件	温度:18.4 ℃ 湿度:34%				样品名称		水泥、中砂、5～10 mm 碎石、10～20 mm 碎石、 16～31.5 mm 碎石	
主要仪器设备	混凝土拌合物含气量测定仪 JSH-6、电子秤 JG-106、振动台 JSH-3							
试验/判定依据	《公路工程水泥及水泥混凝土试验规程》(JTG E30—2005)							
样品数量	水泥:8.1 kg,中砂:17.92 kg,水:5.125 kg; 5～10 mm 碎石:5.84 kg;10～20 mm 碎石: 11.69 kg;16～31.5 mm 碎石:11.69 kg				材料用途		桥涵工程	
生产日期	2011 年 7 月 31 日				样品描述		拌合均匀、黏聚性良好	
强度等级	C20				外加剂种类		—	
搅拌方式	机械搅拌				养护条件		—	
委托日期	2011 年 6 月 1 日							
项目	各种材料用量(kg)							
	水泥	砂	碎石	水	—	—	—	—
1 m³	324	717	1 169	205	—	—	—	—
每盘(30 L)	—	—	—	—	—	—	—	—
序号	检测项目		技术指标		检测结果		结果判定	
1	混凝土含气量(%)		—		2.2		—	
	以下空白							

检测结论:
　　经对段项目部委托检测的水泥混凝土拌合物样品进行检测,其含气量为 2.2% ,符合设计规范要求。

备注:

检测:　　　　　　　　　　　审核:　　　　　　　　　　　批准:

4.7 水泥混凝土拌合物凝结时间试验

初凝时间是从水泥加水到开始失去塑性的时间,而终凝时间是从水泥加水到完全失去塑性的时间。在初凝时间内,水泥浆体保持流动性、可塑性和和易性,施工时必须在初凝时间内完成水泥砂浆或混凝土的搅拌、运输和浇筑等工序。凝结时间对施工方法和工程进度有很大的影响,所以要进行凝结时间的测定,以检验其是否满足混凝土施工的要求。

一、试验目的及范围

(1)本试验规定了测定水泥混凝土拌合物凝结时间的方法,以控制现场施工流程。

(2)本试验适用于各通用水泥、常见外加剂以及不同配合比、坍落度值不为零的水泥混凝土拌合物凝结时间的测定。

二、试验仪器

(1)贯入阻力仪(图4.7.1):应由加荷装置、测针、砂浆试样筒和标准筛组成,可以是手动的,也可以是自动的。贯入阻力仪应符合下列要求。

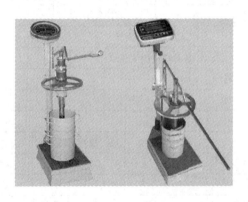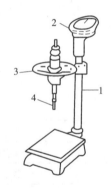

图4.7.1 贯入阻力仪
1—仪器主体;2—刻度盘;3—手轮;4—测针

①加荷装置:最大测量值不小于1 000 N,精确至±10 N。

②测针:长约100 mm,平头测针圆面积有100 mm²、50 mm²和20 mm²三种,在距离贯入端25 mm处刻有一圈标记。

③砂浆试样筒:上口直径为160 mm、下口直径为150 mm、净高150 mm的刚性不透水容器,并配有盖子。

④标准筛:孔径为4.75 mm,符合《试验筛 金属丝编织网、穿孔板和电成型薄板 筛孔的基本尺寸》(GB/T 6005—2008)规定的金属方孔筛。

(2)捣棒:直径为16 mm,长650 mm,符合《混凝土坍落度仪》(JG/T 248—2009)的规定。

(3)其他:铁质拌合板、吸液管和玻璃片。

三、试验步骤

(1)取混凝土拌合物代表样,用 4.75 mm 筛尽快地筛出砂浆,经人工翻拌均匀后,一次性装入一个试模中。每批混凝土拌合物取一个试样,共取三个试样,分装三个试模。对坍落度不大于 70 mm 的混凝土宜用振动台振实砂浆,振动应持续到表面出浆为止且应避免过振;对坍落度大于 70 mm 的混凝土宜用捣棒人工捣实,沿螺旋方向由外向中心均匀插捣 25 次,然后用橡皮锤轻击试模侧面以排除在捣实过程中留下的空洞,进一步整平砂浆的表面,使其低于试模上沿约 10 mm,砂浆试样筒应立即加盖。

(2)砂浆试样制备完毕,编号后置于温度为(20±2)℃或尽可能与现场相同的环境中,并在以后的整个试验过程中,环境温度应始终保持在(20±2)℃。现场同条件测定时,应与现场条件保持一致。在整个测定过程中,除吸取泌水或进行贯入试验外,试样筒应始终加盖。

(3)凝结时间测定从水泥与水接触的瞬间开始计时。根据混凝土拌合物的性能,确定测针试验时间,以后每隔 0.5 h 测定一次,在临近初终凝时可增加测定次数。

(4)在每次测定前 2 min,将一片 20 mm 厚的垫块垫入试样筒底部,使其倾斜,用吸管吸取表面的泌水,吸水后平稳地复原。

(5)测定时将砂浆试样筒置于贯入阻力仪上,测针端部与砂浆表面接触,然后在(10±2)s 内均匀地使测针贯入砂浆(25±2)mm,记录贯入压力,精确至 10 N;记录测定时间,精确至 1 min;记录环境温度,精确至 0.5 ℃。

(6)各测点的间距应大于测针直径的 2 倍且不小于 15 mm,测点与试样筒壁的距离应不小于 25 mm。

(7)每个试样做贯入阻力测定的阻力为 0.2~28.0 MPa,应至少进行 6 次,最后一次的单位面积贯入阻力应不低于 28 MPa。从加水时算起,常温下的普通混凝土 3 h 后开始测定,以后每次间隔 0.5 h;早强混凝土或在气温较高的情况下,则宜在 2 h 后开始测定,以后每隔 0.5 h 测一次;缓凝混凝土或在低温情况下,可在 5 h 后开始测定,以后每隔 2 h 测一次。在临近初终凝时可增加测定次数。

(8)在测定过程中应根据砂浆凝结状况适时更换测针。更换测针时可参考表 4.7.1。

表 4.7.1　测针选用参考

单位面积贯入阻力(MPa)	0.2~3.5	3.5~20.0	20.0~28.0
平头测针圆面积(mm²)	100	50	20

四、试验数据处理

(1)单位面积贯入阻力应按下式计算:

$$f_{PR} = P/A \qquad\qquad\qquad (4.7.1)$$

式中　f_{PR}——贯入阻力(MPa);

　　　　P——测针贯入深度为 25 mm 时的贯入压力(N);

　　　　A——贯入测针截面面积(mm^2),计算应精确至 0.1 MPa。

(2)凝结时间宜通过线性回归方法确定,即将贯入阻力 f_{PR} 和时间 t 分别取自然对数 $\ln f_{PR}$ 和 $\ln t$,然后以 $\ln f_{PR}$ 为自变量、$\ln t$ 为因变量线性回归得到回归方程式

$$\ln t = A + B\ln f_{PR} \qquad\qquad\qquad (4.7.2)$$

式中　t——时间(min);

　　　　A、B——线性回归系数。

根据式(4.7.2)求得,当贯入阻力为 3.5 MPa 时,为初凝时间 t_s,当贯入阻力为 28.0 MPa 时,为终凝时间 t_e:

$$t_s = e^{A + B\ln 3.5}$$

$$t_e = e^{A + B\ln 28}$$

式中　t_s——初凝时间(min);

　　　　t_e——终凝时间(min)。

凝结时间也可用绘图拟合方法确定,即以贯入阻力为纵坐标、时间为横坐标(精确至 1 min),绘制出贯入阻力与时间之间的关系曲线(图4.7.2)。以 3.5 MPa 和 28.0 MPa 画两条平行于横坐标的直线,直线与曲线的两个交点的横坐标即分别为混凝土拌合物的初凝和终凝时间。对于预拌混凝土,一般要求初凝时间为 4 ~ 10 h,终凝时间为 10 ~ 15 h。

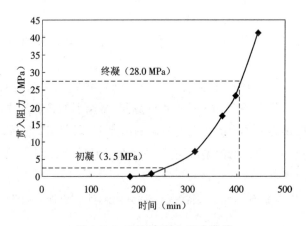

图 4.7.2　时间与贯入阻力曲线

(3)将 3 个试验结果的初凝和终凝时间的算术平均值分别作为此次试验的初凝和终凝时间。如果 3 个测值中的最大值或最小值中有一个与中间值之差超过中间值的 10%,则以中间值为试验结果;如果最大值、最小值与中间值之差均超过中间值的 10%,则此次试验无效。

凝结时间用 h:min 表示,精确至 5 min。

五、试验注意事项

（1）规程规定了三种规格的针，试验时从粗到细依次使用，出现下述情况之一时应考虑换针：

①压不到规定的深度；

②能压入，但测针周围的试样有松动隆起。

（2）一些试验室购买的自动凝结时间测定仪只有两根针。用细针测定时，当指针指向读数盘第一个红色读数时，为初凝时间。用粗针测定时，当指针指向读数盘第二个红色读数时，为终凝时间。但测定时指针要么不到，要么超过，很难恰好指到红色读数。《普通混凝土拌合物性能试验方法标准》（GB/T 50080—2016）规定，测针至少要采用三根。因此，严格地讲这类自动凝结时间测定仪不能使用。

附件4.7 水泥混凝土凝结时间试验记录表

水泥混凝土凝结时间试验记录表

SYC08			JTG E30—2005 公路工程水泥及水泥混凝土试验规程				编号：001 共 页		

项目名称			施工单位		××市××集团公司		取样日期		
合 同 段			监理单位		×××监理单位		试验日期		
单位工程		892222	检测单位		×××检测单位		样品编号		
分部工程				工程部位					
分项工程				桩号范围					
样品来源				使用位置					

时间–贯入阻力曲线											

项目	次数	1	2	3	4	5	6	7	8	9	10
测定时间（min）	试样1										
	试样2										
	试样3										
	平均值										
贯入压力（N）	试样1										
	试样2										
	试样3										
截面面积（mm²）	试样1										
	试样2										
	试样3										
贯入阻力（MPa）	试样1										
	试样2										
	试样3										
	平均值										–

初凝时间（h:min）	试样1	试样2	试样3	平均值	终凝时间（h:min）	试样1	试样2	试样3	平均值

自检意见		监理意见		原始记录本	表号	
					册号	
					页码		序号	

检测：   复核：   试验室主任：   试验监理工程师：

4.8　水泥混凝土拌合物泌水试验

混凝土经浇筑、振捣后,在凝结、硬化的过程中,伴随着粒状材料的下沉所出现的部分拌合水上浮至混凝土表面的现象,称为混凝土泌水。这些水或者向外蒸发,或者由于继续水化而被吸收,并伴随发生混凝土体积减小。泌水不仅使混凝土表面产生砂线、砂斑、麻面等看得见的现象,而且导致表面塑性开裂,在石子的底部或侧面形成孔隙,并形成泌水通道,轻者影响混凝土的美观,重者影响整个混凝土结构的性能。

一、试验目的

(1)本试验规定了测定水泥混凝土拌合物泌水性的方法和步骤。

(2)本试验适用于骨料公称最大粒径不大于 31.5 mm 的水泥混凝土拌合物泌水的测定。

二、试验仪器

(1)试样筒:刚性金属圆筒,两侧装有把手,筒壁坚固且不漏水。骨料公称最大粒径不大于 31.5 mm 的拌合物采用 5 L 的试样筒,其内径与内高均为(186 ± 2)mm,壁厚 3 mm,并配有盖子。骨料公称最大粒径大于 31.5 mm 的拌合物采用的试样筒,其内径与内高均应大于骨料公称最大粒径的 4 倍。

(2)台秤:量程为 50 kg,感量为 50 g。

(3)量筒:容量为 10 mL、50 mL、100 mL 的量筒及吸管,量筒分度值均为 1 mL。

(4)捣棒:符合《混凝土坍落度仪》(JG/T 248—2009)的规定。

(5)秒表:分度值为 1 s。

三、试验步骤

(1)在试验中室温应保持在(20 ± 2)℃。

(2)用湿布润湿试样筒内壁后立即称量,记录试样筒的质量。再将混凝土试样装入试样筒,混凝土的装料及捣实方法如下。

①坍落度不大于 70 mm,用振动台振实。将试样一次性装入试样筒内,开启振动台,振动应持续到表面出浆为止,且应避免过振;使混凝土拌合物表面低于试样筒表面(30 ± 3)mm,并用抹刀抹平,抹平后立即称量并记录试样筒与试样的总质量,开始计时。

②坍落度大于 70 mm,用捣棒捣实。混凝土拌合物应分两层装入,每层的插捣次数为25 次;捣棒由边缘向中心均匀地插捣,插捣底层时捣棒应贯穿整个深度,插捣第二层时,捣棒应插透本层至下一层的表面;每一层捣完后用橡皮锤轻轻敲击容器外壁 5 ~ 10 次,直到拌合物表面的插捣孔消失并不见大气泡为止;使混凝土拌合物表面低于试样筒表面(30 ± 3)mm,并用抹刀抹平,抹平后立即称量并记录试样筒与试样的总质量,开始计时。

（3）保持试样筒水平且不振动，在试验过程中除了吸水操作外，应始终盖好盖子。

（4）从拌合物加水拌合开始计时，在计时开始后的 60 min 内，每 10 min 吸取一次试样表面渗出的水。60 min 后，每 30 min 吸取一次试样表面渗出的水，直到认为不再泌水为止。为便于吸水，在每次吸水前 2 min，将一片 35 mm 厚的垫块垫入筒底一侧使其倾斜；吸水后，恢复水平。吸出的水放入量筒中，记录每次吸水的水量并计算吸水累计总量，精确到 1 mL。当吸水累计总量用质量表述时，用 W_w 表示。

四、试验数据处理

1. 泌水量计算

泌水量按照下式计算：

$$B_a = V/A$$

式中　B_a——泌水量（mL/mm²）；

　　　V——吸水累计总量（mL）；

　　　A——试件外露表面面积（mm²）。

计算精确至 0.01 mL/mm²。泌水量取三个试样的平均值。如果其中一个值与中间值之差超过中间值的 15%，则以中间值为试验结果。如果最大值、最小值与中间值之差均超过中间值的 15%，则试验无效。

2. 泌水率计算

泌水率按下式计算：

$$B = \frac{W_w}{\dfrac{W}{m}(m_1 - m_0)} \times 100$$

式中　B——泌水率（%）；

　　　W_w——吸水累计总量（g）；

　　　m——拌合混凝土时，拌合物质量（g）；

　　　W——拌合混凝土时，拌合物所需水量（g）；

　　　m_1——泌水前试样筒及试样总质量（g）；

　　　m_0——试样筒质量（g）。

附件4.8 水泥混凝土泌水率试验检测记录表

江西省南昌至宁都高速公路项目
水泥混凝土泌水率试验检测记录表

JJ0510

试验室名称：　　　　　　　　　　　　　　　　　　　　　　　记录表号：

工程部位/用途				委托/任务编号			
样品名称				样品编号			
试验依据				样品描述			
试验条件				试验日期			
主要仪器设备及编号							
水泥品种			砂子品种			碎石规格	
外加剂名称			外加剂掺量(%)			批量	
生产厂家							
材料名称及用量	每立方米水泥混凝土材料质量(kg/m³)						
	水	水泥	砂	石	外加剂	计算容重	
基准混凝土配合比							
混凝土类型							
平行试验							
筒质量(g)							
筒质量 + 混凝土质量(g)							
混凝土质量(g)							
瓶质量(g)							
瓶质量 + 泌水质量(g)							
泌水质量(g)							
泌水率(%)							
泌水率平均值(%)							
泌水率比							
备注：							

试验：　　　　　　　　　　复核：　　　　　　　　　　　　　监理工程师：

第5章 钢筋试验与检测

本章要点

本章主要介绍钢筋拉伸试验、钢筋冷弯试验、钢筋重量偏差检测试验、钢筋焊接接头性能检测试验以及钢筋机械连接接头性能检测试验。

本章学习目标

掌握钢筋拉伸试验、钢筋冷弯试验,了解钢筋重量偏差检测试验、钢筋焊接接头性能检测试验以及钢筋机械连接接头性能检测试验。

本章难点

钢筋拉伸试验、钢筋冷弯试验。

建筑是人类生活的基础设施与基本条件之一。从 20 世纪 80 年代开始,我国建造房屋的结构材料广泛采用混凝土,特别是现浇混凝土结构有了较大的发展。混凝土结构中起到骨骼作用的钢筋,必须采取严格、规范的措施来管理和操作,以确保结构工程的质量。钢筋的缺陷直接影响钢筋混凝土构件的强度及刚度,结构承受荷载后,钢筋的缺陷可能导致结构发生严重变形,甚至构件破坏、断裂,造成质量安全事故。所以对钢筋工程的施工质量应严格把关,按规定做好钢筋的检验,及时进行隐蔽工程验收。

钢筋的分类方法有很多,按生产工艺分为热轧、冷轧、冷拉钢筋,还有Ⅳ级钢筋经热处理而成的热处理钢筋,其强度比前者高;按在结构中的作用分为受压钢筋、受拉钢筋、架立钢筋、分布钢筋、箍筋等;按力学性能分为Ⅰ级钢筋(235/370 级)、Ⅱ级钢筋(335/510 级)、Ⅲ级钢筋(370/570 级)和Ⅳ级钢筋(540/835 级)。

钢筋的试验与检测有很多,包括力学性能检测、外观检测、进场材料的验收等。对钢筋各项性能的试验与检测,可以为设计、施工质量控制以及验收提供依据。建筑用钢筋的质量检测项目主要有钢筋的强度、弯曲性能、延性、重量偏差及焊接、机械连接等。

5.1 钢筋拉伸试验

屈服强度、抗拉强度、伸长率是钢材的三个重要力学性能指标,屈服强度是钢材开始丧失对变形的抵抗能力,并开始产生大量塑性变形时所对应的应力(屈服强度是钢材抗力的重要指标);抗拉强度是材料在外力(拉力)作用下抵抗破坏的能力(抗拉性能是钢材的重要性能);伸长率是金属材料受外力(拉力)作用断裂时,试件伸长的长度与原来长度的百分比,它表示钢材的塑性变形能力(伸长率是衡量钢材塑性的一个指标,它的数值越大,表示钢材的塑性越好)。

三者的关系:屈服强度是结构设计的取值依据,钢材在正常工作时承受的应力不能超过屈服强度;屈服强度和抗拉强度的比值称为屈强比,它反映钢材的利用率和使用中的安全可靠度;伸长率表示钢材的塑性变形能力。钢材在使用中,为避免正常受力时在缺陷处产生应力集中脆断,要求塑性良好,即有一定的伸长率,这样可以使缺陷处在受力超过屈服强度时发生塑性变形,使应力重分布,而避免钢材提早破坏。在常温下将钢材加工成一定形状,也要求钢材具有一定的塑性,但伸长率不能过大,否则会使钢材在使用中超过允许的变形值。

拉伸试验是评定钢筋质量是否合格的试验项目之一。

一、试验目的

测定钢筋的屈服强度、抗拉强度和伸长率,评定钢筋的强度等级。

二、试验原理

为了测定钢筋的抗拉强度,将标准试样放在压力机上,加一个缓慢增大的拉力荷载,观察由于这个荷载作用产生的弹性和塑性变形,直至试样被拉断,这时即可求得钢筋的屈服强度、抗拉强度、伸长率等指标。

三、试验相关要求

1. 混凝土用热轧光圆钢筋及带肋钢筋的牌号、公称直径、公称横截面面积

1)钢筋的牌号及其含义

钢筋的牌号及其含义见表 5.1.1。

表 5.1.1　钢筋的牌号及其含义

类别	牌号	牌号构成	英文字母含义
热轧光圆钢筋	HPB235	由 HPB、屈服强度特征值构成	HPB,热轧光圆钢筋的英文(Hot-rolled Plain Bars)缩写
	HPB300		
热轧带肋钢筋	HRB335	由 HRB、屈服强度特征值构成	HRB,热轧带肋钢筋的英文(Hot-rolled Ribbed Bars)缩写
	HRB400		
	HRB500		
细晶粒热轧带肋钢筋	HRBF335	由 HRBF、屈服强度特征值构成	HRBF,热轧带肋钢筋的英文缩写后加"细的"英文(Fine)的首字母
	HRBF400		
	HRBF500		

2）钢筋的公称直径、公称横截面面积

钢筋的公称直径、公称横截面面积见表5.1.2。

表5.1.2　钢筋的公称直径、公称横截面面积

类别	公称直径（mm）	公称横截面面积（mm²）
热轧光圆钢筋	5.5	23.76
	6.5	33.18
	8	50.27
	10	78.54
	12	113.1
	14	153.9
	16	201.1
	18	254.5
	20	314.2
热轧带肋钢筋	6	28.27
	8	50.27
	10	78.54
	12	113.1
	14	153.9
	16	201.1
	18	254.5
	20	314.2
	22	380.1
	25	490.9
	28	615.8
	32	804.2
	36	1 018
	40	1 257
	50	1 964

注：理论重量按密度为7.85 g/cm³计算。

2. 组批规则和取样方法

1）组批规则

钢筋应按批进行检查和验收，每批由同一牌号、同一炉罐号、同一规格的钢筋组成。每批重量通常不大于60 t。超过60 t的部分，每增加40 t（或不足40 t的余数），增加一个拉伸试验试样和一个弯曲试验试样。

允许由同一牌号、同一冶炼方法、同一浇筑方法、不同炉罐号的钢筋组成混合批，但各

炉罐号的钢筋含碳量之差不大于 0.02%,含锰量之差不大于 0.15%。混合批的重量不大于 60 t。

2)取样方法

每批钢筋的检验项目,取样方法和试件数量应符合表 5.1.3 的规定。

表 5.1.3　取样方法和试件数量

钢筋种类	每组试件数量	
	拉伸试验	弯曲试验
热轧带肋钢筋	2 根	2 根
热轧光圆钢筋	2 根	2 根

注:取样方法为任选 2 根钢筋切取。

3)试件要求

拉伸试件的长度为 L,按下式计算后切取:

$$L = L_0 + 2h + 2h_1$$

式中　　L——拉伸试件的长度(mm);

　　　　L_0——拉伸试件的标距(mm);

　　　　h、h_1——夹具长度和预留长度(mm),$h_1 = (0.5 \sim 1)a$,其中 a 为钢筋的公称直径(mm)。

对于光圆钢筋,一般要求夹具之间的最小自由长度不小于 350 mm;对于带肋钢筋,夹具之间的最小自由长度一般要求:$d \leqslant 25$ mm 时,不小于 350 mm;25 mm < $d \leqslant 32$ mm 时,不小于 400 mm;32 mm < $d \leqslant 50$ mm 时,不小于 500 mm。

四、试验仪器

(1)万能材料试验机(图 5.1.1):示值误差不大于 1%。试验机量程的选择:在试验过程中达到最大荷载时,指针最好在第三象限(180°～270°)内,或者数显破坏荷载在量程的 50%～75%。

(2)钢筋打点机(图 5.1.2)或划线机。

(3)游标卡尺(精度为 0.1 mm)等。

五、试验步骤

(1)试样制备:拉伸试验用钢筋试件不得进行车削加工,可以用两个或一系列等分小冲点或细划线标出试件的原始标距,测量标距 L_0,精确至 0.1 mm,见图 5.1.3。根据钢筋的公称直径选取公称横截面面积(mm²)。

(2)将试件上端固定在试验机的上夹具内,调整试验机零点,装好描绘器、纸、笔等,再用下夹具固定试件下端。

(3)开动试验机进行拉伸。拉伸速度:屈服前应力增大速度为 10 MPa/s;屈服后试验机

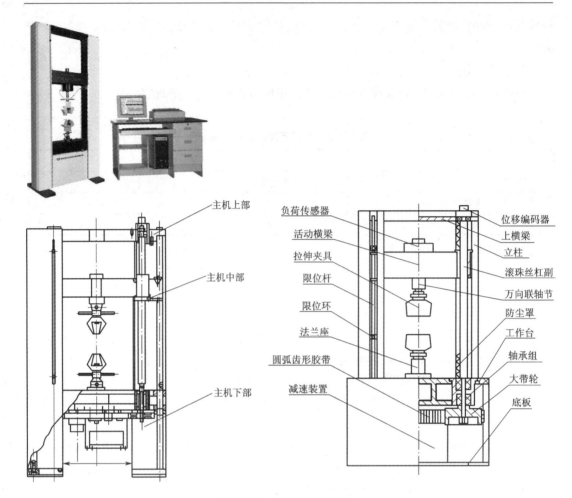

图 5.1.1 万能材料试验机

图 5.1.2 钢筋打点机

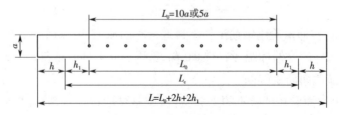

图 5.1.3 钢筋拉伸试验试件

a—试样原始直径;L_0—标距;h_1—预留长度,取$(0.5\sim1)a$;h—夹具长度

活动夹头在荷载下移动速度不大于 $0.5L_c/\min$，直至试件被拉断。

（4）在拉伸过程中，测力度盘指针停止转动时的恒定荷载或第一次回转时的最小荷载即为屈服荷载 F_s（N）。对试件继续加荷直至试件被拉断，读出最大荷载 F_b（N）。

（5）测量试件被拉断后的标距 L_1。将已拉断的试件两端在断裂处对齐，尽量使其轴线位于同一条直线上。如拉断处距离邻近标距端点大于 $L_0/3$，可用游标卡尺直接量出 L_1。如拉断处距离邻近标距端点小于或等于 $L_0/3$，可按下述移位法确定 L_1：在长段上自断点起，取等于短段格数得 B 点，再取等于长段所余格数（偶数如图 5.1.4（a）所示）之半得 C 点，或者取所余格数（奇数如图 5.1.4（b）所示）减 1 与加 1 之半得 C 与 C_1 点，则移位后的 L_1 分别为 $AB + 2BC$、$AB + BC + BC_1$。

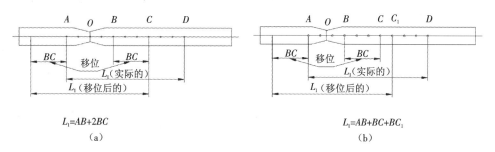

图 5.1.4　用移位法计算标距

（a）长段所余格数为偶数　　（b）长段所余格数为奇数

如果直接测量所求得的伸长率能达到技术条件要求的规定值，则可不采用移位法。

六、试验结果评定

（1）钢筋的屈服点 σ_s 和抗拉强度 σ_b 按下式计算：

$$\sigma_s = \frac{F_s}{A}$$

$$\sigma_b = \frac{F_b}{A}$$

式中　σ_s、σ_b——钢筋的屈服点和抗拉强度（MPa）；

　　　F_s、F_b——钢筋的屈服荷载和最大荷载（N）；

　　　A——试件的公称横截面面积（mm^2）。

当 σ_s、σ_b 大于 1 000 MPa 时，应计算至 10 MPa，按"四舍六入五单双法"修约；当 σ_s、σ_b 为 200～1 000 MPa 时，计算至 5 MPa，按"二五进位法"修约；当 σ_s、σ_b 小于 200 MPa 时，计算至 1 MPa，小数点数字按"四舍六入五单双法"处理。

（2）钢筋的伸长率 δ_5 或 δ_{10} 按下式计算：

$$\delta_5\left(\text{或 } \delta_{10}\right) = \frac{L_1 - L_0}{L_0} \times 100$$

式中　δ_5、δ_{10}——$L_0 = 5a$ 和 $L_0 = 10a$ 时的伸长率（%），精确至 1%；

　　　L_0——原标距，为 $5a$ 或 $10a$（mm）；

L_1——试件被拉断后直接量出或按移位法计算出的标距（mm），精确至 0.1 mm。

如试件在标距端点上或标距外断裂，则试验结果无效，应重做试验。

注意：《钢筋混凝土用钢 第 1 部分：热轧光圆钢筋》（GB/T 1499.1—2017）及《钢筋混凝土用钢 第 2 部分：热轧带肋钢筋》（GB/T 1499.2—2018）规定，允许用下述方法测量钢筋在最大力下的总伸长率。方法如下。

①原始标距的标记和测量：在试样的自由长度范围内，均匀做 10 mm 或 5 mm 的等间距标记，标记的划分和测量应符合 GB/T 228 的有关要求。

②拉伸试验：按 GB/T 228 的规定进行拉伸试验，直至试样断裂。

③断裂后的测量：选择 Y 和 V 两个标记，这两个标记之间的距离在拉伸试验之前至少应为 100 mm。两个标记都应当位于夹具离断裂点远的一侧。两个标记与夹具的距离都应不小于 20 mm 或钢筋的公称直径 d（取二者中的较大者）；两个标记与断裂点之间的距离应不小于 50 mm 或 $2d$（取二者中的较大者），如图 5.1.5 所示。

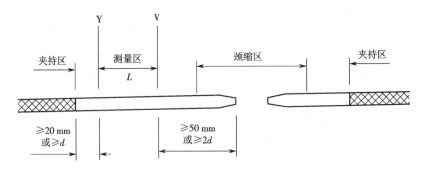

图 5.1.5　断裂后的测量

在最大力作用下，试样的总伸长率 A_{gt}（%）可按下式计算：

$$A_{gt} = \left(\frac{L - L_0}{L} + \frac{\sigma_b}{E} \right) \times 100$$

式中　L——图 5.1.5 所示断裂后标记间的距离（mm）；

L_0——试验前同样标记间的距离（mm）；

σ_b——抗拉强度（MPa）；

E——弹性模量（MPa），其值可取 2×10^5 MPa。

附件 5.1　钢筋拉伸、弯曲试验报告

钢筋拉伸、弯曲试验报告

报告编号：GJ-2018009-001

委托单位	山西省公路工程试验检测等级评审组		委托单号	2018009		工程名称	—
试验规程	GB/T 228.1—2010、GB/T 232—2010、GB/T 1499.2—2018		拟定用途	试验室评审		试验日期	2018-10-10
主要仪器设备	万能材料试验机(WE-1000B/SNT07)、弯曲装置(LX01)、标距打点机(LX03)、游标卡尺(JL06)等					样品名称	Φ20热轧带肋钢筋

试件编号	公称直径(mm)	公称截面面积(mm²)	屈服荷载(kN)	屈服强度(MPa)	极限荷载(kN)	抗拉强度(MPa)	原始标距(mm)	断后标距(mm)	伸长率(%)	弯曲压头直径(mm)	弯曲角度(°)	试验结果	断裂特征
1	20	314.2	117.33	375	190.31	605	100	133	33	60	180	合格	塑断
2			117.61	375	187.01	595	100	131	31	60	180	合格	塑断

结论	经检验，该组钢筋试验结果符合 GB/T 1499.2—2018《钢筋混凝土用钢 第2部分：热轧带肋钢筋》中 HRB335 钢筋的标准要求。
备注	

批准：　　　　　　审核：　　　　　　主检：

5.2 钢筋冷弯试验

冷弯是钢材的重要工艺性能,用于检验钢材在常温下承受规定的弯曲作用的弯曲变形能力,并显示其缺陷。

在工程中经常需对钢材进行冷弯加工,冷弯试验就是模拟钢材弯曲加工而确定的。通过冷弯试验不仅能检验钢材适应冷加工的能力和显示钢材内部缺陷(如起层、非金属夹渣等)状况,而且由于冷弯时试件中部受弯部位受到冲头挤压以及弯曲和剪切的复杂作用,也是考察钢材在复杂应力状态下发展塑性变形能力的一项指标。所以,冷弯试验是对钢材质量的一种较严格的检验。

一、试验目的

通过冷弯试验,对钢筋塑性进行严格检验,也间接测定钢筋内部的缺陷及可焊性。

二、试验原理

钢筋冷弯试验是使钢筋试样经受弯曲塑性变形,不改变加力方向,直至达到规定的弯曲角度;然后卸除试验力,检查试样承受变形的性能。通常检查试样弯曲部分的外面、里面和侧面,若弯曲处无裂纹、起层和断裂现象,即可认为冷弯性能合格。

三、试验仪器

冷弯试验可在压力机或万能材料试验机上进行。压力机或万能材料试验机应配备弯曲装置,常用弯曲装置有支辊式(图 5.2.1)、V 形模具式、虎钳式、翻板式等四种。上述四种弯曲装置的弯曲压头(或弯心)应具有足够的硬度,支辊式弯曲装置的支辊和翻板式弯曲装置的滑块也应具有足够的硬度。

图 5.2.1 支辊式弯曲装置

四、试验步骤

以采用支辊式弯曲装置为例介绍试验步骤与要求。

1. 选取试样

试样的长度应根据试样的厚度和所使用的试验设备确定,当采用支辊式弯曲装置时,可以按照下式确定:

$$L = 0.5\pi(d + a) + 140$$

式中　π——圆周率,其值取 3.14;

　　　d——弯曲压头或弯心直径;

　　　a——试样直径。

2. 试验步骤与要求

(1)将试样放置于两个支点上,以一定直径的弯心在试样上两个支点中间施加压力,使试样弯曲到规定的角度,或出现裂纹、裂缝、断裂为止,见图 5.2.2。

(2)试样在两个支点上按一定弯心直径弯曲至两臂平行时,可一次性完成试验,也可先按(1)弯曲至 90°,然后放置在试验机平板之间继续施加压力,压至试样两臂平行。

(3)试验时应在平稳压力作用下缓慢施加试验力。

(4)弯心直径必须符合相关产品标准的规定,弯心宽度必须大于试样的宽度或直径,两支辊间距离为 $[(d + 3a) \pm 0.5a]$ mm,并且在试验过程中不允许有变化。

(5)试验应在 10~35 ℃下进行,在控制条件下,试验在 (23 ± 2) ℃下进行。

(6)卸除试验力以后,按有关规定进行检查并进行结果评定。

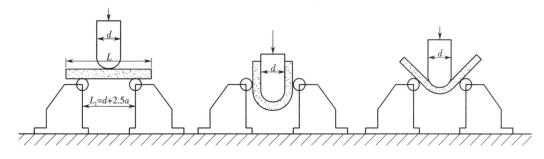

图 5.2.2　钢筋冷弯试验装置示意图

五、冷弯角度和弯心直径

冷弯角度和弯心直径见表 5.2.1。

表 5.2.1　冷弯角度和弯心直径

品种	强度等级	公称直径(mm)	冷弯角度	弯心直径
光圆钢筋	HPB235	8~22	180°	$d = a$

续表

品种	强度等级	公称直径(mm)	冷弯角度	弯心直径
螺纹钢筋	HRB335	8 ~ 25	180°	$d = 3a$
		28 ~ 50	180°	$d = 4a$
	HRB400	8 ~ 25	180°	$d = 4a$
		28 ~ 40	180°	$d = 5a$
	HRB500	10 ~ 25	180°	$d = 6a$
		28 ~ 32	180°	$d = 7a$

注:表中 d 为弯心直径,a 为钢筋直径。

六、试验结果评定

在常温下,在规定的弯心直径和冷弯角度下对钢筋进行冷弯试验,检测两根弯曲钢筋的外表面,若无裂纹、断裂和起层,即判定钢筋的冷弯性能合格,否则不合格。

附件5.2 钢筋拉伸、弯曲试验报告

贵 州 西 南 建 筑 建 材 试 验 中 心

钢筋拉伸、弯曲试验报告

报告编号:
报告日期: 2018-11-20

黔建试第4号表

工程名称: 平坝县十字乡九甲桥建设工程
委托单位: 重庆市贵源建筑工程有限公司

检验规范: GB/T 228.1—2010

试验编号	材料名称	试件直径(mm)	试验机选用表盘(kN)	拉伸实验 屈服荷载(kN)	屈服强度(MPa)	破坏荷载(kN)	强度(MPa)	伸长率(%)	评定标准	弯曲试验 弯心直径 弯曲角度	评定结果	拉伸参数比值 σ_b/σ_{sL}	σ_{sL}/f_{sk}
1	带肋钢筋 HRB335E	φ22	2 000	155	440	145	675	19.7	GB/T 1499.1—2017 GB/T 1499.2—2018	$d=3a$ 180°	合格		
2		φ22	2 000	155	470	141	677	18.9	GB/T 1499.1—2017 GB/T 1499.2—2018	$d=3a$ 180°	合格		
3		φ22	2 000	155	515	149	679	20.5	GB/T 1499.1—2017 GB/T 1499.2—2018	$d=3a$ 180°	合格		
		以 下 空 白											

说明: 1.委托检验结果仅对来样负责; 2.未经检测单位书面批准，不得复制; 3.对本报告若有异议，应于收到报告15日内提出，逾期后果自负。

试验单位: 贵州西南建筑建材试验中心

技术负责人:　　　　复核:　　　　试验:

5.3　钢筋重量偏差检测试验

一、试验目的及范围

钢筋重量偏差的测定主要用来衡量钢筋交货质量。本试验适用于热轧光圆钢筋及热轧带肋钢筋重量偏差检测。

二、试验引用标准

(1)《钢筋混凝土用钢 第 1 部分:热轧光圆钢筋》(GB/T 1499.1—2017)。
(2)《钢筋混凝土用钢 第 2 部分:热轧带肋钢筋》(GB/T 1499.2—2018)。

三、试验仪器

(1)钢尺:量程 100 cm,最小刻度 1 mm。
(2)电子天平:最小分度不大于总重量的 1% ,建议精确至 1 g。

四、试样

试样应从不同的钢筋上截取,数量不少于 5 根,每根试样长度不小于 500 mm。为方便试验操作,推荐取 5 根长度为 520 mm 左右的钢筋试样,每根钢筋两端需打磨成与钢筋轴线垂直的平整面,如图 5.3.1 所示。

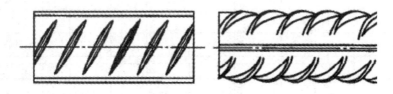

图 5.3.1　试样

五、试验步骤

(1)试验前的准备:
①先清理干净钢筋表面附着的异物(混凝土、砂、泥等);
②检查钢尺,检查电子天平并归零;
③检查钢筋规格是否与接样单及质保书对应,钢筋两端是否平整,初步测量试样长度,看是否符合标准要求(不小于 500 mm)。
(2)将钢筋试样放置于已归零的电子天平上,称量总重量并记录。
(3)用钢尺逐根量取钢筋试样的长度并记录。

六、试验数据处理

(1)钢筋实际重量与理论重量的偏差(%)按下式计算:

$$重量偏差 = \frac{试样实际重量 - (试样总长度 \times 理论重量)}{试样总长度 \times 理论重量} \times 100$$

(2)检测结果的数值修约与判定应符合 YB/T 081—2013 的规定,即修约至 1%。
常用钢筋的公称横截面面积与理论重量见表 5.3.1。

表 5.3.1　常用钢筋的公称横截面面积与理论重量

公称直径(mm)	公称横截面面积(mm²)	理论重量(kg/m)
6	28.27	0.222
8	50.27	0.395
10	78.54	0.617
12	113.1	0.888
14	153.9	1.21
16	201.1	1.58
18	254.5	2.00
20	314.2	2.47
22	380.1	2.98
25	490.9	3.85
28	615.8	4.83
32	804.2	6.31
36	1 018	7.99
40	1 257	9.87
50	1 964	15.42

七、试验结果评定

对检测结果按照 GB/T 1499.1—2017 与 GB/T 1499.2—2018 中的规定做出"符合标准要求"或者"不符合标准要求"的判定。

GB/T 1499.2—2018 所规定的常用规格见表 5.3.2 和表 5.3.3。

表 5.3.2　热轧带肋钢筋重量偏差指标表

公称直径(mm)	8	10	12	14	16	18	20	22	25	32	40
产品标准所允许的重量偏差(%)		±7				±5				±4	

续表

理论重量 （kg/m）	0.395	0.617	0.888	1.21	1.58	2.00	2.47	2.98	3.85	6.31	9.87
低于此重量 可判为不合 格品(kg/m)	0.367	0.573	0.825	1.14	1.50	1.90	2.34	2.86	3.69	6.05	9.47

表 5.3.3　热轧光圆钢筋重量偏差指标表

公称直径 （mm）	公称横截面面积 （mm^2）	理论重量 （kg/m）	实际重量与理论重量的偏差 （%）
6	28.27	0.222	
6.5	33.18	0.260	
8	50.27	0.395	±7
10	78.54	0.617	
12	113.1	0.888	
14	153.9	1.21	
16	201.1	1.58	
18	254.5	2.00	±5
20	314.2	2.47	
22	380.1	2.98	

注：表中理论重量按密度为 7.85 g/cm^3 计算。公称直径为 6.5 mm 的产品为过渡性产品。

附件5.3　钢筋重量偏差试验报告

建筑工程检测有限责任公司
钢筋重量偏差试验报告

报告编号：

委托单位							
工程名称			检验类别				
施工单位			检验标准		GB/T 1499.1—2017　GB/T 1499.2—2018		
监理单位			委托编号				
收样日期		见证人		抽样地点		抽样人员	
		试验日期		报告日期			
样品编号	材料名称	直径（mm）	理论重量（g/mm）	允许偏差（%）	实测总长度（mm）	实测总重量（g）	实测重量偏差（%）	检测结论	使用部位或代表吨数	生产单位
检验设备			直尺、游标卡尺、天平							
备注	1. 报告无"试验专用章"无效。 2. 复制报告未重新加盖"试验专用章"无效。 3. 报告无试验、审核、批准人签字无效；涂改、部分提供或部分复制试验报告无效。 4. 对本报告有疑问，请于收到报告之日起15日内向本公司提出书面申请材料，逾期将不受理。 5. 委托试验只对来样负责。									

5.4　钢筋焊接接头性能检测试验

在实际工程中钢筋连接是不可避免的,常见的钢筋连接方式有绑扎搭接、焊接、机械连接。钢筋连接后应取样进行试验,以检测钢筋连接后的力学性能能否满足相关试验的要求,为施工质量的控制提供依据。

一、试验目的及范围

(1)检测钢筋焊接接头的力学性能,即钢筋焊接接头的拉伸性能和弯曲性能。

(2)本试验适用于闪光对焊、电弧焊、电渣压力焊、气压焊、预埋件埋弧压力焊的钢筋焊接接头。

二、试验仪器

(1)万能材料试验机:型号 WI-100,量程最大荷载 100 t,准确度一级,分辨率 0.5 kN。

(2)液压式万能材料试验机:型号 WP-30T,量程有 0 ~ 50 kN、0 ~ 150 kN、0 ~ 300 kN,对应的最小分辨率分别为 0.1 kN、0.25 kN、1 kN。

(3)钢尺:量程 0 ~ 300 mm,最小分辨率 0.5 mm。

(4)游标卡尺。

三、试验取样规定

1. 钢筋闪光对焊接头

(1)在同一台班内,由同一焊工完成的 300 个同级别、同直径的钢筋焊接接头应视为同一批。一周内累计不足 300 个的亦应按一批计算。

(2)力学性能试验的试件,应从每批接头中随机切取 6 个试件,3 个做拉伸试验,另 3 个做弯曲试验。

(3)螺丝端杆接头可只做拉伸试验。

(4)试验结果达不到要求时,应再取 6 个试件进行相同试验项目的复验。

(5)模拟试件试验结果达不到规定要求时,复验试件应从成品中切取,试件数量和要求应与初始试验相同。

2. 钢筋电弧焊接头

(1)每 1 ~ 2 层楼以 300 个同接头形式、同钢筋级别的接头作为一批,不足 300 个的亦应按一批计算。

(2)从每批接头中随机切取 3 个试件做拉伸试验。

(3)试验结果达不到要求时,应再取 6 个试件进行复验。

(4)模拟试件试验结果达不到规定要求时,复验试件应从成品中切取,试件数量和要求应与初始试验相同。

3. 钢筋电渣压力焊接头

(1)每一楼层或施工区段以 300 个同钢筋级别的接头作为一批,不足 300 个的亦应按一批计算。

(2)从每批接头中随机切取 3 个试件做拉伸试验。

(3)试验结果达不到要求时,应再取 6 个试件进行复验。

4. 钢筋气压焊接头

(1)每一楼层或施工区段以 300 个同钢筋级别的接头作为一批,不足 300 个的亦应按一批计算。

(2)从每批接头中随机切取 3 个试件做拉伸试验,有梁、板的水平连接钢筋应另切取 3 个接头做弯曲试验。

(3)试验结果达不到要求时,应再取 6 个试件进行相同试验项目的复验。

5. 预埋件钢筋 T 形接头

(1)以 300 个同类型的预埋件作为一批,不足 300 个的亦应按一批计算。

(2)从每批预埋件钢筋 T 形接头中随机抽取 3 个试件做拉伸试验。

(3)试验结果达不到要求时,应再取 6 个试件进行复验。

四、拉伸试验

(1)试件尺寸应符合 JGJ/T 27—2014 的规定。

(2)试验前应用游标卡尺复核钢筋的尺寸和钢板的厚度。

(3)将试件夹紧于试验机上,加荷应连续而平稳,不得有冲击或跳动。加荷速度为 10～30 MPa/s,直至试件被拉断(或出现颈缩)。

五、弯曲试验

(1)试件尺寸应符合 JGJ/T 27—2014 的规定,试件受压面的金属毛刺和镦粗变形部位应采用砂轮等工具加工,使之与母材外表齐平,其余部位可保持焊后状态。

(2)试验前应用游标卡尺复核钢筋的尺寸。

(3)进行弯曲试验时,压头弯心直径和弯曲角度应符合 JGJ/T 27—2014 的规定。

(4)进行弯曲试验时,试件应放在两支点上,并使焊缝中心线与压头中心线一致。在试验过程中,应平稳地对试件施加压力,直至达到规定的弯曲角度。

六、试验结果计算和评定

(1)试件的抗拉强度 σ_b 按下式计算:

$$\sigma_b = \frac{P_b}{F_0}$$

式中　P_b——试件被拉断前的最大荷载(N);

F_0——试件的公称横截面面积(mm^2)。

（2）在试验中,若由于操作不当(如试件夹偏)或试验设备发生故障而影响试验数据的准确性,试验结果无效。

（3）试验结果评定。

①闪光对焊接头。

a.闪光对焊接头拉伸试验结果应符合下列要求。

•3个热轧钢筋接头试件的抗拉强度均不得小于该级别钢筋规定的抗拉强度;余热处理Ⅲ级钢筋接头试件的抗拉强度均不得小于热轧Ⅲ级钢筋的抗拉强度 570 MPa。

•应至少有2个试件断于焊缝之外,并呈延性断裂。

•当试验结果中有1个试件的抗拉强度小于上述规定值或有2个试件在焊缝或热影响区发生脆性断裂时,应进行复验。当复验结果中仍有1个试件的抗拉强度小于规定值或有3个试件断于焊缝或热影响区,且呈脆性断裂时,应确认该批接头为不合格品。

b.在闪光对焊接头弯曲试验结果中,当有2个试件发生破断时,应再取6个试件进行复验。在复验结果中,若仍有3个试件发生破断,应确认该批接头为不合格品。

②钢筋电弧焊接头。

钢筋电弧焊接头拉伸试验结果应符合下列要求。

a.3个热轧钢筋接头试件的抗拉强度均不得小于该级别钢筋规定的抗拉强度;余热处理Ⅲ级钢筋接头试件的抗拉强度均不得小于热轧Ⅲ级钢筋的抗拉强度 570 MPa。

b.3个试件均应断于焊缝之外,并应至少有2个试件呈延性断裂。

c.当试验结果中有1个试件的抗拉强度小于上述规定值,或有1个试件断于焊缝处,或有2个试件发生脆性断裂时,应进行复验。当复验结果中仍有1个试件的抗拉强度小于规定值,或有1个试件断于焊缝处,或有3个试件呈脆性断裂时,应确认该批接头为不合格品。

③钢筋电渣压力焊接头。

a.钢筋电渣压力焊接头拉伸试验结果应符合下列要求。

•3个钢筋电渣压力焊接头试件的抗拉强度均不得小于该级别钢筋规定的抗拉强度。

•当试验结果中有1个试件的抗拉强度小于规定值时,应进行复验。当复验结果中仍有1个试件的抗拉强度小于规定值时,应确认该批接头为不合格品。

b.在钢筋电渣压力焊接头弯曲试验结果中,当有2个试件发生破断时,应再取6个试件进行复验。在复验结果中,若仍有3个试件发生破断,应确认该批接头为不合格品。

④钢筋气压焊接头。

a.钢筋气压焊接头拉伸试验结果应符合下列要求。

•3个钢筋气压焊接头试件的抗拉强度均不得小于该级别钢筋规定的抗拉强度,并断于压焊面之外,呈延性断裂。

•当试验结果中有1个试件不符合上述要求时,应进行复验。当复验结果中仍有1个试件不符合上述要求时,应确认该批接头为不合格品。

b.在钢筋气压焊接头弯曲试验中,3个试件均不得在压焊面发生破断。当试验结果中有1个试件不符合上述要求时,应进行复验。当复验结果中仍有1个试件不符合上述要求时,应确认该批接头为不合格品。

　　⑤预埋件钢筋 T 形接头。

　　预埋件钢筋 T 形接头拉伸试验结果应符合下列要求。

　　a. Ⅰ 级钢筋接头抗拉强度均不得小于 350 MPa。

　　b. Ⅱ 级钢筋接头抗拉强度均不得小于 490 MPa。

　　c. 当试验结果中有 1 个试件的抗拉强度小于上述规定值时,应再取 6 个试件进行复验。

当复验结果中仍有 1 个试件的抗拉强度小于规定值时,应确认该批接头为不合格品。

附件 5.4　钢筋焊接检测报告

新疆巴州建设工程质量检测中心

钢筋(材)焊接检测报告

工程编号:Y2012086　第 1 页　共 1 页

产品名称	热轧带肋钢筋接头	报告编号	BJ201301011A
工程名称	万和广场	试验编号	HJ201300053
工程部位	3#楼 13~15 层构造柱、过梁	试样描述	无起皮、无裂纹、无锈蚀
产地	新疆金特钢铁股份有限公司	试样用途	—
委托单位	新疆泰丰建设 809 项目部	送样人	费春碧
见证单位	新疆库尔勒市建设监理中心	见证人	李言良
钢筋牌号	HRB400	强度等级	—
委托项目	抗拉强度	样品数量	3 根
检验依据	JGJ 18—2012	代表数量	300 头
委托日期		焊接方法	电渣压力焊
焊接操作人	郭银明	施焊证号	新 M072010015786

试样编号	公称直径(mm)	面积(mm²)	力学性能				弯曲试验		
			质量指标	实测值			弯心直径(mm)	角度	弯曲结果
			抗拉强度(MPa)	抗拉强度(MPa)	断口位置及判断				
1	16	201.1	≥540	635	断于母材,塑断		—	—	—
2	16	201.1	≥540	635	断于母材,塑断		—	—	—
3	16	201.1	≥540	640	断于母材,塑断		—	—	—
4	—	—	—	—			—	—	—
5	—	—	—	—			—	—	—
6	—	—	—	—			—	—	—
检验结论	该样品经委托,所检项目符合 JGJ 18—2012 中电渣压力焊的技术要求。 　　　　　　　　　　　　　　　　　　　　　(检验专用章) 　　　　　　　　　　　　　　　　签发日期:2013-03-25								
备注									

批准:　　　　　　　　　　　审核:　　　　　　　　　　　主检:

5.5 钢筋机械连接接头性能检测试验

钢筋机械连接是通过连接件的机械咬合作用或钢筋端面的承压作用,将一根钢筋所受的力传递至另一根钢筋的连接方法。这类连接方法具有以下优点:接头质量稳定可靠,不受钢筋化学成分和人为因素的影响;操作简便,施工速度快,且不受气候条件影响;无污染、无火灾隐患,施工安全等。在粗直径钢筋连接中,钢筋机械连接有广阔的发展前景。

一、试验目的及范围

(1)检测钢筋机械连接接头的力学性能,即钢筋机械连接接头的拉伸强度。
(2)本试验适用于钢筋挤压套筒接头、钢筋锥螺纹套筒接头、钢筋直螺纹套筒接头。

二、试验引用标准

(1)《钢筋机械连接技术规程》(JGJ 107—2016)。
(2)《金属材料 拉伸试验 第1部分:室温试验方法》(GB/T 228.1—2010)与《金属材料 拉伸试验 第2部分:高温试验方法》(GB/T 228.2—2015)。

三、试验仪器

(1)万能材料试验机:型号 WI-100,量程最大荷载 100 t,准确度一级,分辨率 0.5 kN。
(2)游标卡尺。

四、检验方法

1. 工艺检验

(1)在钢筋连接工程开始前及施工过程中,应对每批进场接头进行工艺检验。
(2)进行工艺检验时,每种规格钢筋的接头不应少于3个。
(3)应对接头试件的母材进行抗拉强度试验。

2. 现场检验

(1)接头的现场检验按验收批进行,在同一施工条件下采用同一批材料的同等级、同形式、同规格的接头,以500个为一个验收批进行检验与验收,不足500个的也作为一个验收批。
(2)对每一验收批接头,必须在工程结构中随机截取3个试件做单向拉伸试验。

五、强度检验

(1)拉伸前应用游标卡尺测量钢筋直径。
(2)接头现场单向拉伸试验采用零到破坏的一次加载制度。

（3）使用数据采集仪与电脑自动采集数据。

六、试验结果评定

（1）工艺检验：3 根接头试件的抗拉强度均应满足 JGJ 107—2016 第 3 章表 3.0.5 的规定；对于 A 级接头，试件的抗拉强度尚应大于钢筋母材实际抗拉强度的 90%。计算抗拉强度时，应采用钢筋的实际横截面面积。

（2）现场检验：按设计要求的接头性能等级进行检验与评定，当 3 个试件的单向拉伸试验结果均符合 JGJ 107—2016 第 3 章表 3.0.5 的强度要求时，该验收批评为合格；如有 1 个试件的强度不符合要求，应再取 6 个进行复检，复检如仍有 1 个试件的试验结果不符合要求，则该验收批评为不合格。

附件 5.5 钢筋机械连接检测报告

济宁市建筑工程质量监督检验测试中心
钢筋机械连接检测报告

[MA]

2019150309M

鲁建检字第 08001 号   共 1 页   第 1 页

委 托 单 位					报 告 编 号		
接 头 类 型		直螺纹接头			来 样 日 期		
工 程 名 称					委 托 人		
见 证 单 位					见 证 人		
检 测 依 据		JGJ 107—2016			样 品 数 量		3 组×3 根
检 测 地 点			环境条件		检 测 类 别		委托检验

检测内容							
检测编号 生产厂家	工程部位	钢筋母材		接头 等级	代表批量 检验类别	接头试件	
		牌号 公称直径	抗拉强度 标准值			抗拉强度 （MPa）	破坏形式
	二层1~16/A~D轴	HRB400 18 mm	540 MPa	Ⅰ 级	500 个 工艺检验		断于接头
							断于钢筋
							接头拉脱
结 论	依据 JGJ 107—2016，该样品抗拉强度符合Ⅰ级接头标准要求。						
结 论							
结 论							
检 测 说 明	检测结果仅对来样负技术责任。 报告及复印件无检测单位盖章无效。 样品描述： 样品状态： 试验室地址：济宁市光河路74号 邮政编码：272100						

检测单位：（盖章）

批准：   校核：   主检：

签发日期：

第6章　现浇钢筋混凝土构件制作实训

本章要点

本章主要介绍钢筋混凝土构件独立基础制作的理论基础、操作实训及要求。

本章学习目标

掌握钢筋混凝土构件独立基础制作的理论基础、操作实训及要求。

本章难点

钢筋混凝土构件独立基础制作的理论基础。

建筑物通常由楼地层、墙、柱、基础、楼电梯、屋盖、门窗等几部分组成,其中,基础、柱、梁、板、墙、楼梯统称房屋建筑的六大基本构件系统,它们的作用分别如下。楼地层为使用者提供在建筑物中活动所需要的各种平面,同时将由此产生的各种荷载,例如家具、设备、人体的重量等传递给支承它们的垂直构件。在不同结构体系的建筑中,屋盖、楼层等部分所承受的活荷载以及它们的自重通过支承它们的墙或柱传递到基础上,再传给地基。在房屋的有些部位,墙体不一定承重。但无论承重与否,墙体往往都具有分隔空间或对建筑物起到围合、保护作用的功能。基础是建筑物的垂直承重构件与支承建筑物的地基直接接触的部分。基础既与其上部的建筑物状况有关,也与其下部的地基状况有关。楼电梯是建筑物上下楼层之间联系的交通枢纽。屋盖除了承受由雨雪或屋面上人所引起的荷载外,主要起到围护的作用,其防水性能与保温的热工性能是主要问题。门窗用于交通出入和通风采光,设在建筑物外墙上的门窗还兼有分隔和围护的作用。

由于这些构件的构成材料(混凝土、砖、石材等)、施工工艺(预制拼装、现浇等)等不同,房屋建筑构件的分类也不同。在这些构件的分类中,现浇钢筋混凝土构件是最常见的,在实际工程中运用最广泛,施工工艺较成熟,本章结合实际介绍现浇钢筋混凝土构件独立基础制作实训。

基础是建筑物最底部的构件,它将上部的荷载传给地基,起承上启下的作用。基础的分类有很多,在通常情况下,柱下设置独立基础,墙下设置条形基础,本章重点介绍独立基础。

一、实训理论基础

（一）现浇钢筋混凝土独立基础的施工工艺流程

现浇钢筋混凝土独立基础的施工工艺流程：基础放线→钢筋绑扎→支基础模板→隐蔽工程验收→混凝土浇筑、振捣、养护→拆除模板。

（二）施工操作要求

1. 基础放线

根据轴线桩及图纸上标注的基础尺寸，在混凝土垫层上用墨线弹出轴线和基础边线；绑筋支模前，应校核放线尺寸。

2. 钢筋绑扎

独立基础钢筋绑扎施工工艺流程如图 6.1 所示。

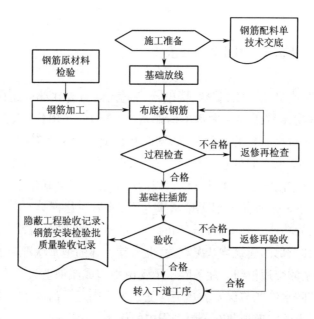

图 6.1 独立基础钢筋绑扎施工工艺流程

（1）将基础垫层清扫干净，用石笔和墨斗在上面弹放钢筋位置线，按钢筋位置线布放基础钢筋。

（2）绑扎钢筋混凝土底板钢筋时，按底板钢筋受力情况确定主受力筋的方向。独立基础底部的双向交叉钢筋长向设置在下，短向设置在上。

（3）钢筋绑扎方法：四周两行钢筋的交叉点每点都应绑扎牢；中间部分的交叉点可相隔交错扎牢，但必须保证受力钢筋不产生位移。有双向主筋的钢筋网，则需将全部钢筋相交点扎牢。相邻绑扎点的钢丝扣成八字形，以免网片歪斜变形。

（4）基础底板采用双层钢筋网时，应在上层钢筋网下面设置钢筋撑脚，以保证钢筋位置正确，钢筋撑脚应在下层钢筋网上。钢筋撑脚的形式和尺寸如图 6.2 所示，每隔 1 m 放置

1 个。其直径选用见表 6.1。

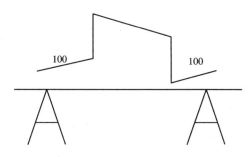

图 6.2　钢筋撑脚的形式和尺寸

表 6.1　钢筋撑脚直径选用表

基础底板厚(mm)	钢筋撑脚直径(mm)
≤300	8~10
300~500	12~14
≥500	16~18

（5）基础底板下层钢筋的弯钩应朝上,不要倒向一边;双层钢筋网上层钢筋的弯钩应朝下。

（6）基础梁钢筋绑扎一般采用就地成型方式施工,亦可采用搭设钢管绑扎架。将基础梁的架立筋两端放在绑扎架上,画出箍筋间距,套上箍筋,按画好的位置与底板上层钢筋绑扎牢固。穿基础梁下部钢筋,与箍筋绑牢。当纵向受力钢筋为双排时,双排钢筋间可用短钢筋支垫(短钢筋直径不小于 25 mm 且不小于梁主筋直径),短钢筋间距以 1.0~1.2 m 为宜。基础梁钢筋绑扎完成后抽出绑扎架,将绑扎成型的梁筋骨架落地。

（7）基础中受力钢筋的混凝土保护层厚度应符合设计要求,一般采用细石混凝土垫块或塑料卡控制。

（8）在浇筑混凝土之前,应进行隐蔽工程验收,并填写相关验收记录,内容包括:

①纵向受力钢筋的品种、规格、数量、位置等;

②钢筋的连接方式、接头位置、接头数量、接头面积百分率等;

③箍筋横向钢筋的品种、规格、数量、位置等;

④预埋件的规格、数量、位置等。

（9）基础浇筑完毕后,把基础上的预留墙柱插筋扶正,保证上部钢筋位置准确。

3. 支基础模板

（1）阶形独立基础。根据基础施工图样的尺寸制作每一个阶梯模板,支模顺序由下至上,逐层向上安装。

①先安装底层模板,底层模板由四块等高的侧板用木挡拼钉而成。其中相对的两块与基础台阶侧面尺寸相等,另外相对的两块比基础台阶侧面尺寸两边各长 150 mm。

②配合绑扎钢筋及垫块,再安装上一阶模板。上一阶模板的侧板应以轿杠固定在下一

阶侧板上。校核基础模板尺寸、轴线位置和标高无误后,再用斜撑、水平支撑以及拉杆钉紧、撑牢,如图6.3所示。

(2)坡形独立基础。用钢管或木方加固,上口设井字木控制钢筋位置,如图6.4所示。

图6.3　阶形基础模板工程图　　　　图6.4　坡形基础模板工程图

4. 混凝土施工

(1)浇筑与振捣。

①混凝土浇筑时,不应发生初凝和离析现象,坍落度一般控制在30~50 mm,并填写混凝土坍落度测试记录。

②为保证混凝土浇筑时不发生离析现象,混凝土自吊斗口下落的自由倾落高度不得超过2 m,浇筑高度如超过3 m必须采取措施,用串筒或溜槽等。

③浇筑混凝土时应分段分层连续进行,基础工程的分层厚度宜在250 mm左右。

④使用插入式振捣器应快插慢拔,插点要均匀排列,逐点移动,顺序进行,做到均匀振实,不得遗漏。移动间距不大于振捣作用半径的1.5倍(一般为30~40 cm)。振捣上一层时应插入下一层5~10 cm,以使两层混凝土结合牢固。

⑤浇筑混凝土应连续进行。如必须间歇,间歇时间应尽量缩短,并应在前一层混凝土初凝之前将本层混凝土浇筑完毕,一般超过2 h应按施工缝处理。

⑥浇筑混凝土时应经常观察模板、钢筋、预留孔洞、预埋件和插筋等有无移动、变形或堵塞情况,发现问题应立即处理。

(2)养护。

自然养护是在常温(平均气温不低于5 ℃)下用适当的材料覆盖混凝土并适当浇水,使混凝土在规定的时间内保持足够的湿润状态。基础混凝土常见的自然养护方法有覆盖浇水养护、薄膜布养护等。自然养护的基本要求如下。

①混凝土浇筑后12 h内加以覆盖并保湿养护,养护时间不短于7 d。

②如混凝土表面泛白或出现细小裂缝,应立即加以遮盖,充分浇水,并延长浇水时间。

③浇筑的混凝土强度达到1.2 N/mm² 以后,才能在其上踩踏或安装模板及支架等。

5. 拆除模板

侧模板应在混凝土强度能保证混凝土表面及棱角不因拆除而受损坏时拆除。

二、实训操作及要求

(一)独立基础(网片)配筋操作实训

1. 实训目标

掌握普通独立基础施工图的尺寸要求、标高、说明等,掌握基础的钢筋下料、加工、绑扎技术,熟悉基础钢筋工程的验收等。

2. 实训任务

在规定的时间内完成图 6.5 所示基础网片的配筋操作。

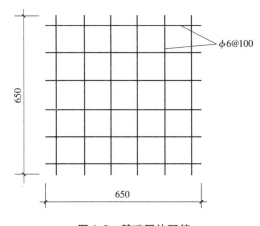

ϕ6@100

650

650

图 6.5　基础网片配筋

(1)进行钢筋下料计算并填写下料单。

(2)依据下料单进行钢筋加工操作,按工艺流程完成钢筋网片的绑扎。

(3)学会钢筋质量验收并填写评判结果。

3. 理论准备

(1)技术准备:

主筋下料长度 = 构件长 − 混凝土保护层厚度 ×2 + 弯折长度 ×2

绑扎要求:一面顺扣,八字交错,满扎。

(2)知识准备:钢筋弯钩应朝上,独立柱基础为双向弯曲,其底面短边的钢筋应放在长边的钢筋下面。

(3)安全准备:遵守文明施工制度和安全管理制度,遵守施工现场实训室的有关安全要求及相关原则。

(4)操作准备:根据项目要求填写表 6.2。

表 6.2 操作准备表

工具与设备			材料			人员		
序号	名称	数量	序号	名称	数量	序号	名称	数量
1			1			1		
2			2			2		
3			3			3		

4. 操作步骤、实施与保障

(1)操作步骤及要点。

操作步骤:识图→钢筋下料计算→切料→弯曲→画线定位→摆放钢筋→绑扎→场地清理→质量验收。

操作要点:识图准确,计算正确,工(量)具完好,弯曲到位,绑扎牢固。

(2)安全与保障措施。

①场地要平整,工作台要稳固。

②弯曲时要用力均匀且钢筋保持在水平面内弯曲旋转。钢筋旋转半径范围内不得有人或其他物品。

③弯曲钢筋时,右手紧握扳手端部,并把钢筋压在扳手内侧,左手轻扶钢筋另一端,以防钢筋意外弹出伤人。

④钢筋绑扎宜采用一面顺扣绑扎法,绑扎要牢固。不得人为破坏成品和半成品。

⑤钢筋原料、成品、半成品等应按规格、品种分别堆放整齐。

(3)根据项目图进行下料计算并填写表 6.3。

表 6.3 钢筋下料单

构件	钢筋编号	简图及计算公式	符号及直径	计算长度	根数	总根数	总长度	总重

5. 质量评价与验收

（1）评价方式＿＿＿＿＿（学生自评、学生互评、教师点评等）。

（2）根据项目要求填写表 6.4。

表 6.4 质量评价与验收表

序号	检查项目		质量标准	检查方法	标准分	评价
1	工艺流程 （主控项目）		按照工艺流程操作,违反 1 次,本项不得分;违反 2 次,整个项目视为不合格	观察法	15	
2	项目小组运作		各负其责且按时保质保量完成,为满分;有 1 人未完成,扣本项的 1/4	分工合作法	10	
3	计算	下料长度计算	方法准确,会填写下料单	观察法	10	
4		下料	方法准确,±10 mm	尺量法	10	
5	加工	弯曲角度	±2°	尺量法	10	
6		画线定位	±10 mm	尺量法	10	
7		钢筋绑扎	方法得当,扎丝长度及根数应用合理,绑扎牢固,松缺口率≤10%	观察法	15	
8		外观质量	钢筋端部对齐	观察法	10	
9	文明施工		无安全隐患和事故,场地清洁	观察法	10	
评定结果:						
				签字	年 月 日	

（二）独立基础（柱插筋）配筋操作实训

1. 实训目标

准确识读独立柱基础柱的结构施工图,理解结构图上的所有信息,并学会进行配筋的钢筋翻样计算与配筋施工;了解独立柱基础柱的受力特点;掌握独立柱基础柱的施工工艺流程和质量评价标准、方法等。

2. 实训任务

在规定的时间内完成图 6.6 所示独立柱基础的配筋操作。

（1）进行钢筋下料计算并填写下料单。

（2）依据下料单进行钢筋加工操作,遵守施工工艺流程,完成钢筋笼的绑扎。

（4）学会钢筋质量验收并填写评判结果。

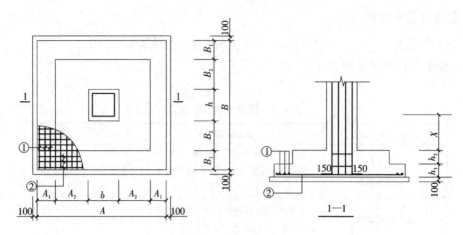

图 6.6　独立柱基础配筋

3. 理论准备

（1）技术准备：

主筋下料长度 = 构件长 − 混凝土保护层厚度 ×2 + 弯折长度

箍筋下料长度 = （梁宽 − 混凝土保护层厚度 ×2）×2 + （梁高 − 混凝土保护层厚度 ×2）×2 + 钢筋直径 ×8 + max｛10d,75 mm｝×2

（2）知识准备。

①柱主筋采用电渣压力焊,接头位置应按规范的要求错开,且要在受力钢筋 35d 且不小于 500 mm 的范围内。同一根钢筋在同一层内不得有两个接头;受拉区焊接钢筋数不超过总钢筋数的 50%。

②绑扎时,按设计要求的箍筋数量将弯钩错开套在柱筋上。

③在立好的柱筋上用粉笔标出箍筋的间距,由下往上绑扎。

④箍筋应与主筋垂直,主筋交点加密区均要绑扎。

⑤箍筋弯钩位于与主筋的交点上,交错布置。

（3）安全准备:遵守文明施工制度和安全管理制度,遵守实训室的有关安全管理原则。

（4）操作准备:根据项目要求填写表 6.5。

表 6.5　操作准备表

工具与设备			材料			人员		
序号	名称	数量	序号	名称	数量	序号	名称	数量
1			1			1		
2			2			2		
3			3			3		

4. 操作步骤、实施与保障

（1）操作步骤及要点。

操作步骤：识图→钢筋下料计算→切料→弯曲→架立筋与箍筋定位→穿越所有钢筋→绑扎定位箍筋和起步筋→绑扎下部钢筋→场地清理→质量验收。

操作要点：识图准确，计算正确，工（量）具完好，弯曲到位，起步筋和定位箍筋位置准确，绑扎牢固。

（2）安全与保障措施。

①场地要平整，工作台要稳固。

②弯曲时要用力均匀且钢筋保持在水平面内弯曲旋转。钢筋旋转半径范围内不得有人或其他物品。

③弯曲钢筋时，右手紧握扳手端部，并把钢筋压在扳手内侧，左手轻扶钢筋另一端，以防钢筋意外弹出伤人。

④钢筋绑扎宜采用双丝十字扣绑扎法，绑扎要牢固。不得人为破坏成品和半成品。

⑤钢筋原料、成品、半成品等应按规格、品种分别堆放整齐。

（3）根据项目图进行下料计算并填写表 6.6。

表 6.6　钢筋下料单

构件	钢筋编号	简图及计算公式	符号及直径	计算长度	根数	总根数	总长度	总重

5. 质量评价与验收

（1）评价方式＿＿＿＿＿＿（学生自评、学生互评、教师点评等）。

（2）根据项目要求填写表 6.7。

表 6.7　质量评价与验收表

序号	检查项目	质量标准	检查方法	标准分	评价
1	工艺流程（主控项目）	按照工艺流程操作，违反 1 次，本项不得分；违反 2 次，整个项目视为不合格	观察法	15	
2	项目小组运作	各负其责且按时质保量完成，为满分；有 1 人未完成，扣本项的1/4	分工合作法	10	

序号	检查项目		质量标准	检查方法	标准分	评价
3	计算	下料长度计算	方法准确,会填写下料单	观察法	10	
4		下料	方法准确,±10 mm	尺量法	5	
5	加工	弯曲角度	±2°	观察法	10	
6		起步箍筋	长度正确,位置准确,±10 mm	尺量法	10	
7		主筋排距	±10 mm	尺量法	10	
8		钢筋绑扎	方法得当,扎丝长度及根数应用合理,绑扎牢固,松缺口率≤10%	尺量法	10	
9		外观质量	钢筋端部对齐,箍筋与主筋垂直等	观察法	10	
10	文明施工		无安全隐患和事故,场地清洁	观察法	10	

评定结果:

签字   年   月   日

(三)模板操作实训

1. 实训目标

(1)熟悉基础模板安装的安全技术要求,能正确准备、使用劳动防护用品。

(2)能计算材料及工具的用量,编制材料需用量计划,正确进行模板材料、工具、施工场地的准备工作。

(3)熟悉基础模板的组成与构造,掌握基础模板的安装和拆除施工工艺。

(4)掌握模板工程的质量通病,能分析其原因并提出相应的防治措施和解决办法;熟悉模板工程的检查验收内容,能按照相关质量标准进行自检和互检。

2. 实训任务

完成上述独立基础钢筋绑扎验收后模板的安装。

3. 理论准备

(1)基础模板的组成与构造如图6.7所示。

(2)基础模板的安装与拆除。

整体式结构的拆模期限应遵守以下规定。

①非承重的侧面模板,在混凝土强度能保证其表面及棱角不因拆除模板而损坏时,方可拆除。

②底模板在混凝土强度达到一定规定后,才能拆除。

③已拆除模板及支架的结构,在混凝土达到设计强度后,才允许承受全部计算荷载。在施工中不得超载使用已拆除模板的结构,严禁堆放过量建筑材料。当承受的施工荷载大

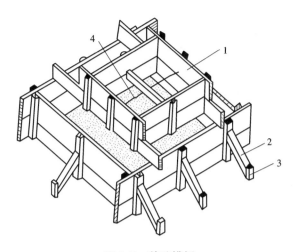

图 6.7　基础模板

1—拼板;2—斜撑;3—木桩;4—铁丝

于计算荷载时,必须经过核算加设临时支撑。

④钢筋混凝土结构如在混凝土未达到所规定的强度时拆模及承受部分荷载,应经过计算复核结构在实际荷载作用下的强度。

⑤多层框架结构当需拆除下层结构的模板和支架,而其混凝土强度尚不能承受上层结构的模板和支架所传来的荷载时,上层结构的模板应选用减轻荷载的结构(如悬吊式模板、桁架模板等),但必须考虑其支承部分的强度和刚度;或先对下层结构另设支柱(或称再支撑),再安装上层结构的模板。

4.操作步骤、实施与保障

独立基础模板的安装与拆除步骤:抄平放线→拼装下阶模板→拼装上阶模板→按照质量要求进行自检、互检及质量评定→拆除模板(先拆除上阶模板,再拆除下阶模板;先拆除斜撑与平撑,然后用撬杠、钉锤等工具拆下 4 块侧板)。

5.质量评价与验收

根据表 6.8 对模板操作进行质量评价与验收。

表 6.8　现浇独立基础模板安装的允许偏差及检验方法

项目	允许偏差(mm)	检验方法
轴线位置	5	钢尺检查
底模上表面标高	±5	水准仪或拉线、钢尺检查
基础台阶尺寸	10	钢尺检查
相邻两模板表面高低差	2	钢尺检查
相邻两模板表面平整度	5	2 m 靠尺和塞尺检查

注:检验轴线位置时,应沿纵、横两个方向量测,并取其中的较大值。

（四）混凝土养护操作实训

1. 实训目标

（1）掌握混凝土的制备、浇筑、养护、拆模等各工序的要点和技术要求。

（2）掌握现行混凝土与钢筋混凝土施工规范中有关混凝土工程的技术要求和工艺知识。

（3）掌握混凝土现场拌合的方法、下料顺序。

（4）掌握混凝土的浇筑、振捣和养护等主要施工工艺及施工方法。

（5）掌握混凝土工程的质量标准及检查方法。

2. 实训任务

完成上述独立基础模板拼装后的混凝土浇筑、混凝土养护，拆模后对混凝土的质量、外观进行评定。

3. 理论准备

（1）按照4.1"水泥混凝土配合比设计试验"设计混凝土配合比。

（2）混凝土施工配料计算。混凝土施工配料计算是确定每拌制一盘混凝土需用的各种原材料的数量，根据施工配合比和搅拌机的出料容量计算。使用袋装水泥时，应同时考虑在搅拌一罐混凝土时，水泥投入量尽可能以整袋水泥计，以省去水泥的配零工作量，或按每5 kg进级取整数。混凝土搅拌机的出料容量按铭牌上的说明取用。

（3）混凝土掺外加剂用量计算：先按外加剂掺量求纯外加剂用量，再根据已知浓度求实际外加剂用量，然后计算配成水溶液后每袋水泥的溶液掺量及扣除水溶液含水量后的加水量。

4. 操作步骤、实施与保障

（1）混凝土拌合：采用现场人工拌合方法。

①干拌。将拌合钢板与拌铲用湿布润湿后，把砂平铺在钢板上，倒入水泥，用拌铲自拌合板一端翻拌至另一端，如此反复，直至拌匀；加入石子继续翻拌至均匀为止。

②湿拌。在混合均匀的干拌合物中间做一个凹槽，倒入称量好的水（约一半）翻拌数次，并徐徐加入剩下的水，继续翻拌，直至均匀。

③拌合时间的控制。从加水时算起，拌合应在10 min内完成。

（2）混凝土浇筑。

①混凝土自高处倾落的自由高度不应超过2 m。

②在浇筑竖向结构的混凝土前，应先在底部填以50～100 mm厚、与混凝土内的砂浆成分相同的水泥砂浆；在浇筑中不得发生离析现象；当浇筑高度超过3 m时，应采用串筒、溜槽或振动溜管使混凝土下落。

③混凝土浇筑层的厚度应符合规定。

④浇筑混凝土应连续进行。

（3）混凝土振捣。

①每一振点的振捣延续时间，应使混凝土表面呈现浮浆和不再沉落。

②采用插入式振动器时,捣实普通混凝土的移动间距不宜大于振捣器作用半径的1.5 倍。

③采用表面振动器时,在每一位置上应连续振动一定时间,正常情况下为 2~40 s,但以混凝土面均匀出现浆液为准,移动时应成排依次振动前进,前后位置和排与排间相互搭接30~50 mm,以防止漏振。振动倾斜的混凝土表面时,应由低处逐渐向高处移动,以保证混凝土振实。表面振动器的有效作用深度,在无筋及单筋平板中为 200 mm,在双筋平板中约为 120 mm。

④采用外部振动器时,振动时间和有效作用由结构形状、模板坚固程度、混凝土坍落度及振动器功率等各项因素而定,一般每隔 1~1.5 m 设置一个振动器。

(4)自然养护:自然养护的覆盖与浇水除应满足规范的规定外,还应符合下列要求。

①当采用特种水泥时,混凝土的养护应根据所采用水泥的技术性能确定。

②满足自然养护下不同温度与龄期的混凝土强度增长百分率(见表 6.9)要求。

表 6.9　自然养护下不同温度与龄期的混凝土强度增长百分率

水泥品种强度等级	硬化龄期(d)	混凝土硬化时的平均温度(℃)							
		1	5	10	15	20	25	30	35
普通水泥42.5 级	2	—	—	19	25	30	35	40	45
	3	14	20	25	32	37	43	48	52
	5	24	30	36	44	50	57	63	66
	7	32	40	46	54	62	68	73	76
	10	42	50	58	66	74	78	82	86
	15	52	63	71	80	88	—	—	—
	28	68	78	86	94	100	—	—	—
矿渣水泥、火山灰质水泥32.5 级	2	—	—	—	15	18	24	30	35
	3	—	—	11	16	22	28	34	44
	5	—	16	21	27	33	42	50	58
	7	14	23	30	36	44	52	61	70
	10	21	32	41	49	55	65	74	81
	15	28	41	54	64	72	80	88	—
	28	41	61	77	90	100	—	—	—

5. 质量评价与验收

(1)现浇结构的外观质量:现浇结构的外观质量不应有严重缺陷。

检查数量:全数检查。

检验方法:观察,检查技术处理方案。

(2)现浇结构的尺寸偏差:现浇结构不应有影响结构性能和使用功能的尺寸偏差。

检查数量:全数检查。

检验方法:量测,检查技术处理方案。

(3)现浇结构不应有太大的蜂窝、麻面、露筋、露石。对于数量不多的小蜂窝、麻面、露筋、露石的混凝土表面,主要保护钢筋和混凝土不受侵蚀,可用 1:2.5~1:2 水泥砂浆抹面修整。在抹砂浆前,须用钢丝刷或压力水清洗润湿,抹浆初凝后要加强养护工作。

第 7 章　土方调配及方格网法实训

本章要点

本章主要介绍土方调配的内容,用方格网法计算场地平整的土方量,方格网法的基本原理、计算步骤。

本章学习目标

掌握用方格网法计算场地平整的土方量及方格网法的基本原理、计算步骤;了解土方调配。

本章难点

方格网法的基本原理、计算步骤。

场地平整是将建筑范围内的自然地面,通过人工或机械挖填平整,改造成为设计所需要的平面,以利现场平面布置和文明施工。在工程总承包施工中,"三通一平"工作常常由施工单位来完成,因此场地平整成为工程开工前的一项重要内容。

场地平整要满足总体规划、生产施工工艺、交通运输和场地排水等要求,并尽量使土方挖填平衡,减少运土量和重复挖运。

场地平整是施工中的一个重要项目,它的一般施工工艺流程是:现场勘察→清除地面障碍物→标定平整范围→设置水准基点→设置方格网→测量标高→计算土方挖填工程量→平整土方→场地碾压→验收。

计算土方量的方法有方格网法和横截面法两种,可根据地形的具体情况采用。本章主要介绍方格网法。

一、实训目的

利用方格网法计算场地平整时的土方量,掌握方格网法的基本原理、计算步骤,完成相关的实训操作。

二、方格网法的基本原理

方格网法是将场地划分为若干个方格,根据自然地面与设计地面的高差,计算挖方和填方的体积,分别汇总即为土方量。该方法一般适用于平坦的场地。设计时要求填方量和挖方量基本相等,即要求土方就地平衡,平整前后土体的体积是相等的。

三、计算步骤

1. 布置方格网

在绘有地形的平面图上布置方格网,使其一边与用地长轴方向平行,方格尺寸为 20 m ×20 m。给方格网交点编上顺序号,填在交点的左下方(图 7.1)。

2. 确定自然地面标高

利用水准仪测量出方格网交点的自然地面标高,填在交点的右下方,如图 7.1 所示。

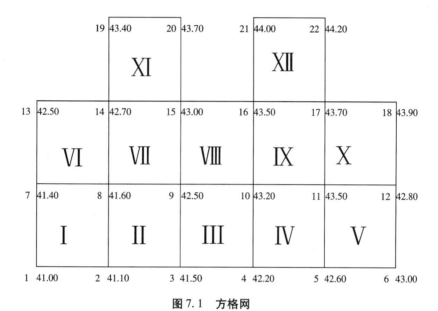

图 7.1　方格网

3. 确定设计地面标高

1)初步确定场地设计标高

设平整前的土方体积为 V,则

$$V = \frac{a^2}{4}\left(\sum H_{1j} + 2\sum H_{2j} + 3\sum H_{3j} + 4\sum H_{4j} \right) = \frac{a^2}{4}\sum_{i=1}^{4}\left(p_i \sum H_{ij} \right)$$

式中　V——自水准面起算,自然地面下土体的体积(m^3);

　　　　a——方格的边长(m);

　　　　p_i——方格网交点的权值,$i=1$ 表示角点,$i=2$ 表示边点,$i=3$ 表示凹点,$i=4$ 表示中间点,其权值分别为 1,2,3,4;

　　　　H_{1j}、H_{2j}、H_{3j}、H_{4j}——各角点、边点、凹点、中间点的自然地面标高(m);

　　　　H_{ij}——各角点(或边点、凹点、中间点)的自然地面标高(m)。

设方格网坐标原点的设计地面标高为 x,则平整后土体的体积为

$$V' = \frac{a^2}{4}\sum_{i=1}^{4}\left[p_i \sum f(x) \right]$$

式中　V'——自水准面起算,平整后土体的体积(m^3);

x——方格网坐标原点的设计地面标高(m);

a——方格的边长(m)。

当土方平衡时,平整前后这块土体的体积是相等的,即 $V = V'$:

$$\sum_{i=1}^{4} \left(p_i \sum H_{ij} \right) = \sum_{i=1}^{4} \left[p_i \sum f(x) \right]$$

由于式中只有 x 为未知数,所以可以求出来,从而求出方格网各个交点的设计地面标高。由此求出的设计地面标高,能使填方量和挖方量基本平衡。

2)调整场地设计地面标高

根据初步确定的场地设计地面标高及设计地面的坡度(南北向坡度为 i', $i' = 0.5\%$;东西向坡度为 j', $j' = 1\%$),逐一计算出各交点的设计地面标高,填在交界的右上方。

(1)设方格网第 1 点的设计地面标高为 x,第 i 点的设计地面标高为 H'_i,平整后土体的体积为 V'。

角点:

$$\sum H_{1j} = H_1 + H_6 + H_{13} + H_{18} + H_{19} + H_{20} + H_{21} + H_{22} = 345.7 \text{ m}$$

边点:

$$2 \sum H_{2j} = 2(H_2 + H_3 + H_4 + H_5 + H_7 + H_{12}) = 503.2 \text{ m}$$

凹点:

$$3 \sum H_{3j} = 3(H_{14} + H_{15} + H_{16} + H_{17}) = 518.7 \text{ m}$$

中间点:

$$4 \sum H_{4j} = 4(H_8 + H_9 + H_{10} + H_{11}) = 683.2 \text{ m}$$

$$V = \frac{a^2}{4} \left(\sum H_{1j} + 2 \sum H_{2j} + 3 \sum H_{3j} + 4 \sum H_{4j} \right)$$

$$\Delta h_{南北} = i' \times a = 0.5\% \times 20 = 0.1 \text{ m}$$

$$\Delta h_{东西} = j' \times a = 1\% \times 20 = 0.2 \text{ m}$$

$p_1 = 1$:

$$\sum f(x_{1j}) = H'_1 + H'_6 + H'_{13} + H'_{18} + H'_{19} + H'_{20} + H'_{21} + H'_{22} = 8x + 5.6$$

$p_2 = 2$:

$$2 \sum f(x_{2j}) = 2(H'_2 + H'_3 + H'_4 + H'_5 + H'_7 + H'_{12}) = 12x + 6.4$$

$p_3 = 3$:

$$3 \sum f(x_{3j}) = 3(H'_{14} + H'_{15} + H'_{16} + H'_{17}) = 12x + 8.4$$

$p_4 = 4$:

$$4 \sum f(x_{4j}) = 4(H'_8 + H'_9 + H'_{10} + H'_{11}) = 16x + 9.6$$

$$V' = \frac{a^2}{4} \left[\sum f(x_{1j}) + 2 \sum f(x_{2j}) + 3 \sum f(x_{3j}) + 4 \sum f(x_{4j}) \right]$$

由 $V = V'$ 得,$x = 42.10$ m。

（2）计算各交点的设计地面标高（图7.2）。

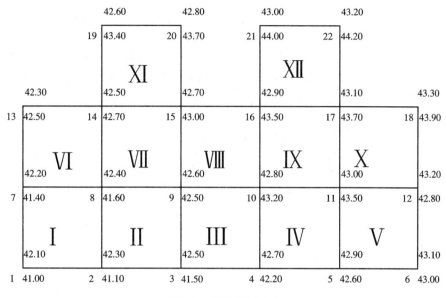

图 7.2　设计地面标高

4. 计算施工高度

用设计地面标高减去自然地面标高,结果即为施工高度,填在交点的左上方,如图7.3
所示。所得结果为负值时,表示该点为挖方;所得结果为正值时,表示该点为填方。

（施工高度）	（设计地面标高）
（填）+2.30	20.50
1	18.20
（角点编号）	（自然地面标高）

（施工高度）	（设计地面标高）
（挖）−0.80	20.60
13	21.40
（角点编号）	（自然地面标高）

图 7.3　施工高度示例

上例中的施工高度见图7.4。

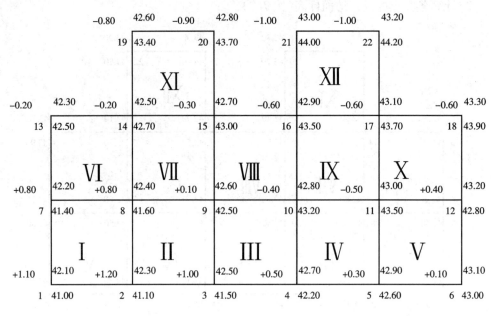

图 7.4　施工高度

5. 标注零点,确定零线位置

一个方格之内的相邻两交点,如果一点为填方而另一点为挖方,则在这两点之间必有一个不填不挖之点,此处设计地面标高与自然地面标高相等,即施工高度为零,故称为零点。

零点的位置可用图解法求出,用直尺从填方点沿着与零点所在边垂直的边标出一定比例的填方高度,然后从挖方点沿着相反的方向标出同样比例的挖方高度,两高度点连线与方格边的交点即为零点,见图 7.5。将零点连接成线段即为零线(挖方区和填方区的分界线,见图 7.6)。

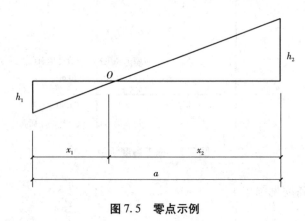

图 7.5　零点示例

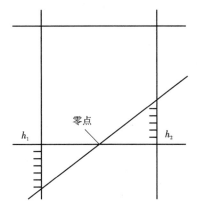

图 7.6　零线示例

上例中的零线见图 7.7。

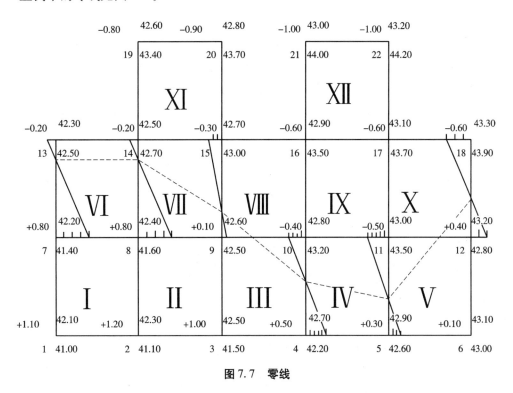

图 7.7　零线

6. 计算土方量

方格中如果没有零线,其土方量计算较为简单;否则,由于零线的位置不同,相应的土方量计算公式也不同。使用时应根据表 7.1 中的公式进行计算。

将各方格网的土方量分别标注在图中,然后按列分别求和,并标注在栏内,最后可得挖方总数量和填方总数量。

表 7.1　常用方格网点计算公式

项目	图式	计算公式
一点填方或挖方（三角形）		$V = \dfrac{1}{2}bc\dfrac{\sum h}{3} = \dfrac{bch_3}{6}$ 当 $b=a=c$ 时，$V = \dfrac{a^2 h_3}{6}$
两点填方或挖方（梯形）		$V_+ = \dfrac{b+c}{2}a\dfrac{\sum h}{4} = \dfrac{a}{8}(b+c)(h_1+h_3)$ $V_- = \dfrac{d+e}{2}a\dfrac{\sum h}{4} = \dfrac{a}{8}(d+e)(h_2+h_4)$
三点填方或挖方（五角形）		$V = \left(a^2 - \dfrac{bc}{2}\right)\dfrac{\sum h}{5}$ $= \left(a^2 - \dfrac{bc}{2}\right)\dfrac{h_1+h_2+h_4}{5}$
四点填方或挖方（正方形）		$V = \dfrac{a^2}{4}\sum h = \dfrac{a^2}{4}(h_1+h_2+h_3+h_4)$

计算土方量：

方格 Ⅰ

$$V_+ = \frac{a^2(h_1+h_2+h_7+h_8)}{4} = \frac{20^2(1.10+1.20+0.80+0.80)}{4} = 390 \text{ m}^3$$

方格 Ⅱ

$$V_+ = \frac{a^2(h_2+h_3+h_8+h_9)}{4} = \frac{20^2(1.20+1.00+0.80+0.10)}{4} = 310 \text{ m}^3$$

方格 Ⅲ

$$V_- = \frac{a^2 h_{10}^3}{6(h_{10}+h_9)(h_9+h_4)} = \frac{20^2 \times 0.40^3}{6(0.40+0.10)(0.40+0.50)} = 9.48 \text{ m}^3$$

$$V_+ = \frac{a^2}{6}(2h_9+2h_4+h_3-h_{10}) + V_-$$

$$= \frac{20^2}{6}(2\times0.10+2\times0.50+1.00-0.40)+9.48 = 129.48 \text{ m}^3$$

方格 Ⅳ

$$V_- = \frac{a^2(h_{10}+h_{11})^2}{4(h_{10}+h_{11}+h_4+h_5)} = \frac{20^2(0.40+0.50)^2}{4(0.40+0.50+0.50+0.30)} = 47.65 \text{ m}^3$$

$$V_+ = \frac{a^2(h_4+h_5)^2}{4(h_{10}+h_{11}+h_4+h_5)} = \frac{20^2(0.50+0.30)^2}{4(0.40+0.50+0.50+0.30)} = 37.65 \text{ m}^3$$

方格 V

$$V_- = \frac{a^2 h_{11}^3}{6(h_{11} + h_5)(h_{11} + h_{12})} = \frac{20^2 \times 0.50^3}{6(0.50 + 0.30)(0.50 + 0.40)} = 11.57 \ \text{m}^3$$

$$V_+ = \frac{a^2}{6}(2h_5 + 2h_{12} + h_6 - h_{11}) + V_-$$

$$= \frac{20^2}{6}(2 \times 0.30 + 2 \times 0.40 + 0.10 - 0.50) + 11.57 = 78.24 \ \text{m}^3$$

方格 Ⅵ

$$V_- = \frac{a^2(h_{13} + h_{14})^2}{4(h_7 + h_8 + h_{13} + h_{14})} = \frac{20^2(0.20 + 0.20)^2}{4(0.80 + 0.80 + 0.20 + 0.20)} = 8 \ \text{m}^3$$

$$V_+ = \frac{a^2(h_7 + h_8)^2}{4(h_7 + h_8 + h_{13} + h_{14})} = \frac{20^2(0.80 + 0.80)^2}{4(0.80 + 0.80 + 0.20 + 0.20)} = 128 \ \text{m}^3$$

方格 Ⅶ

$$V_- = \frac{a^2(h_{14} + h_{15})^2}{4(h_{14} + h_{15} + h_8 + h_9)} = \frac{20^2(0.20 + 0.30)^2}{4(0.20 + 0.30 + 0.80 + 0.10)} = 17.86 \ \text{m}^3$$

$$V_+ = \frac{a^2(h_8 + h_9)^2}{4(h_{14} + h_{15} + h_8 + h_9)} = \frac{20^2(0.80 + 0.10)^2}{4(0.20 + 0.30 + 0.80 + 0.10)} = 57.86 \ \text{m}^3$$

方格 Ⅷ

$$V_+ = \frac{a^2 h_9^3}{6(h_9 + h_{10})(h_9 + h_{15})} = \frac{20^2 \times 0.10^3}{6(0.10 + 0.40)(0.10 + 0.30)} = 0.33 \ \text{m}^3$$

$$V_- = \frac{a^2}{6}(2h_{10} + 2h_{15} + h_{16} - h_9) + V_+$$

$$= \frac{20^2}{6}(2 \times 0.40 + 2 \times 0.30 + 0.60 - 0.10) + 0.33 = 127 \ \text{m}^3$$

方格 Ⅸ

$$V_- = \frac{a^2(h_{10} + h_{11} + h_{16} + h_{17})}{4} = \frac{20^2(0.40 + 0.50 + 0.60 + 0.60)}{4} = 210 \ \text{m}^3$$

方格 Ⅹ

$$V_+ = \frac{a^2 h_{12}^3}{6(h_{12} + h_{18})(h_{12} + h_{11})} = \frac{20^2 \times 0.40^3}{6(0.40 + 0.60)(0.40 + 0.50)} = 4.74 \ \text{m}^3$$

$$V_- = \frac{a^2}{6}(2h_{11} + 2h_{18} + h_{17} - h_{12}) + V_+$$

$$= \frac{20^2}{6}(2 \times 0.50 + 2 \times 0.60 + 0.60 - 0.40) + 4.74$$

$$= 164.74 \ \text{m}^3$$

方格 Ⅺ

$$V_- = \frac{a^2(h_{14} + h_{15} + h_{19} + h_{20})}{4} = \frac{20^2(0.20 + 0.30 + 0.90 + 0.80)}{4} = 220 \ \text{m}^3$$

方格 Ⅻ

$$V_- = \frac{a^2(h_{16} + h_{17} + h_{21} + h_{22})}{4} = \frac{20^2(0.60 + 0.60 + 1.00 + 1.00)}{4} = 320 \text{ m}^3$$

将最终的计算结果填入表 7.2 中。

表 7.2　挖填方总量

	I	II	III	IV	V	VI	VII	VIII	IX	X	XI	XII	Σ
挖方	0	0	9.48	47.65	11.57	8	17.86	127	210	164.74	220	320	1 136.3
填方	390	310	129.48	37.65	78.24	128	57.86	0.33	0	4.74	0	0	1 136.3

四、实训任务

利用方格网法完成场地平整的土方量计算,要求:

(1)分组完成实训;

(2)需要平整的场地尺寸为 30 m × 30 m;

(3)自行设置方格网;

(4)自行选择场地,方格网设计好后利用全站仪放样到选择的场地上,选择的场地要有代表性;

(5)按照上述计算步骤算出最后的挖填方量。

五、实训步骤

(1)根据场地情况设计方格网。

(2)将方格网利用全站仪放样到实际的场地上。

(3)利用水准仪测量出交点的自然地面标高。

(4)确定设计地面标高。

(5)计算施工高度。

(6)标注零点,确定零线位置。

(7)计算土方量。

六、实训结果填写

将实训结果填入表 7.3 中。

表 7.3　实训结果

	I	II	III	IV	V	VI	VII	VIII	IX	X	…	n	Σ
挖方													
填方													

第8章 实心砖墙角实砌实训

本章要点

  本章主要介绍实心砖墙角的砌筑理论基础、砌筑工艺流程及要求、砌筑原则以及砌筑质量评价与验收。

本章学习目标

  掌握实心砖墙角的砌筑理论基础、砌筑工艺流程及要求、砌筑原则,了解实心砖墙角的砌筑质量评价与验收。

本章难点

  实心砖墙角的砌筑理论基础、砌筑工艺流程及要求、砌筑原则。

  砌体结构是用各种块材(如砖、各种型号的混凝土砌块、毛石、料石、土块)、砂浆人工砌筑而成的一种砌筑形式。砌体按受力情况可分为承重砌体与非承重砌体;按砌筑方法可分为实心砌体与空心砌体;按材料可分为砖砌体、石砌体及砌块砌体;按是否配有钢筋分为无筋砌体与配筋砌体。

  砌体结构适用于以受压为主的结构,如民用建筑物中的墙体、柱、基础、地沟等;中小型工业建筑物中的墙体、柱、基础,起重量不超过3 t、中轻级吊车的砖拱吊车梁等;工业构筑物中的烟囱、水池、水塔、中小型仓库等;交通工程中的拱桥、隧道、涵洞、挡土墙等;水利工程中的石坝、渡槽、围堰等。

  本章主要介绍实心砖实砌操作。

一、实训理论基础

1.砖墙砌筑工艺流程

砖墙砌筑工艺流程如图8.1所示。

2.砖墙砌筑操作要求

1)抄平放线

(1)抄平。砌墙前应在基础防潮层或楼面上定出各层标高,并用M7.5水泥砂浆或C10细石混凝土找平,使各段砖墙底部标高符合设计要求。

(2)放线。根据轴线及图纸上标注的墙体尺寸,在楼层顶面用墨线弹出墙的轴线和墙

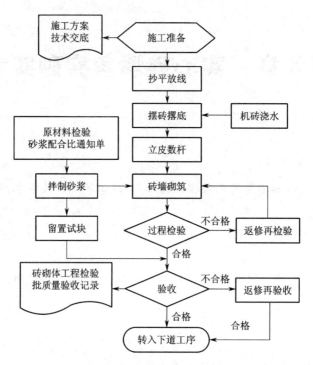

图 8.1　砖墙砌筑工艺流程

的宽度线,并定出门洞口位置线。

2)摆砖摞底

摆砖是在放线的楼面上按选定的组砌方式用干砖试摆,砖与砖之间留出 10 mm 的竖向灰缝宽度。摆砖是为了核对所放的墨线在门窗洞口、附墙垛等处是否符合砖的模数,以尽可能减少砍砖。

砖砌体的组砌要求是上下错缝、内外搭接,以保证砌体的整体性。砖墙交接处的摆砖组砌方式如图 8.2 所示。

常用的 240 mm 厚砖墙的组砌方式有一顺一丁和梅花丁。一顺一丁:一皮中全部顺砖与一皮中全部丁砖间隔砌,上下皮间的竖缝相互错开 1/4 砖长。梅花丁:每皮中丁砖与顺砖相隔,上皮丁砖坐中于下皮顺砖,上下皮间的竖缝相互错开 1/4 砖长。

3)立皮数杆

皮数杆是其上画有每皮砖和砖缝的厚度以及洞口过梁、圈梁底等的标高位置的一种木制标杆。

(1)皮数杆一般设置在墙的转角及纵横墙交接处,当墙面过长时,应每隔 10 ~ 15 m 竖立一根皮数杆。

(2)皮数杆一般绑扎在构造柱钢筋上或钉于木桩上。皮数杆上的 +500 mm 线与构造柱钢筋上的 +500 mm 线相吻合,准确无误后,方可进行砌体砌筑。

(3)每次砌筑前,应检查一遍皮数杆的垂直度和牢固程度。

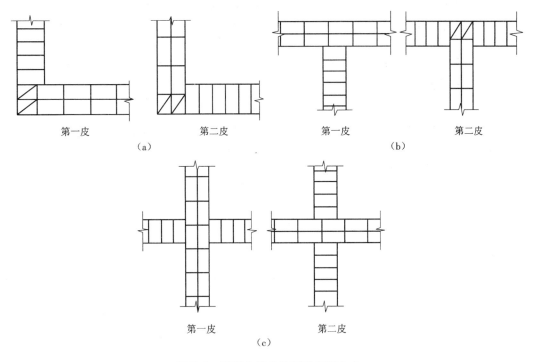

图 8.2　砖墙交接处的摆砖组砌方式

(a)转角接头处　(b)丁字接头处　(c)十字接头处

4)砖墙砌筑

(1)砌墙应从墙角开始,先按皮数杆砌几皮砖,即盘角,俗称把大角。盘角时,要选方正的砖,七分头砖应规整一致,砌砖时放平摆正。

(2)盘角完成并经检查无误后,即可挂线。一般 240 mm 墙采用单面挂线,370 mm 及以上墙应采用双面挂线。准线应挂在墙角处,挂线时两端应固定拴牢、绷紧。为防止准线过长塌线,可在中间垫一块腰线砖,腰线砖下应坐浆,灰缝厚度同皮数杆灰缝厚度。

(3)砌砖宜优先采用"三一"砌砖法,砌砖时砂浆要饱满,砖要放平,"上跟线,下跟棱,左右相邻要对平";砖与砂浆要挤压紧密,黏结牢固。采用铺浆法砌筑时,铺浆长度不得超过 750 mm;施工期间气温超过 30 ℃时,铺浆长度不得超过 500 mm。在砌筑过程中应三皮一吊、五皮一靠,保证墙面垂直平整。

(4)240 mm 厚承重墙每层的最上一皮砖,应整砖丁砌。

(5)多孔砖的孔洞应垂直于受压面砌筑。

(6)砖砌体施工临时间断处补砌时,必须将接槎处表面清理干净,浇水润湿,并填实砂浆,保持灰缝平直。

二、实训操作及要求

1.实训目标

了解砖砌体的基本构造要求和组砌原则;掌握实心砖墙体施工图的尺寸要求、标高、说

明等;掌握砖墙的基本操作要求和施工的基本技能;掌握砌体结构的质量验收标准和要求,
完成实心砖墙体砌法操作(梅花丁、一顺一丁)。

2. 实训任务

(1)在规定的时间内完成图 8.3 所示 240 mm 实心砖墙角的实砌。

(2)按照施工工艺流程完成砖墙实砌。

(3)学会砖砌体质量验收与方法,并填写评判结果。

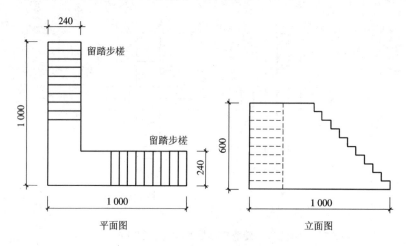

图 8.3　240 mm 实心砖墙角

3. 理论准备

1)知识准备

砌砖施工通常包括抄平、放线、摆砖样、立皮数杆、砌筑、清理和勾缝等工作。

(1)抄平。砌砖前应在基础顶面或楼面上定出各层标高,并用 M7.5 水泥砂浆或 C10 细
石混凝土找平,使各段砖墙能从同一标高位置开始砌筑。

(2)放线。确定各段墙体砌筑的位置。根据轴线桩或龙门板上的轴线位置,在做好的
基础顶面弹出墙身中线及边线,同时弹出门洞口位置线。二层以上的墙可以用经纬仪或锤
球引测轴线,并弹出各墙的轴线、边线、门窗洞口位置线,如图 8.4 所示。

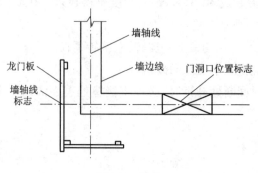

图 8.4　放线

（3）摆砖样。如图 8.5 所示,常用的砌体组砌形式有一顺一丁式、三顺一丁式和梅花丁式。

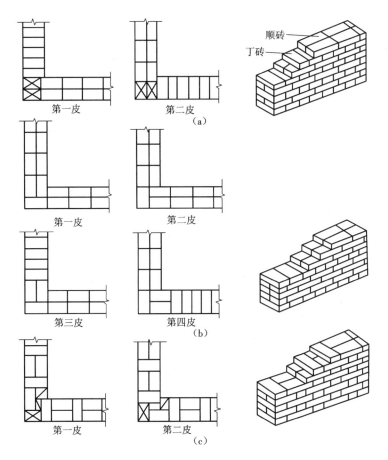

图 8.5　砖墙的各种组砌形式

（a）一顺一丁式　（b）三顺一丁式　（c）梅花丁式

（4）立皮数杆。皮数杆的作用是在砌筑时控制砌体竖向尺寸准确,同时可以保证砌体的垂直度,如图 8.6 所示。

（5）砌筑。砖砌体水平灰缝砂浆饱满度不得低于80%,为使砂浆饱满,严禁用水冲浆灌缝和砌后填浆。在砖墙转角处,每皮砖均需加砌七分头砖。当采用一顺一丁式砌筑时,七分头砖的顺面方向依次砌顺砖,丁面方向依次砌丁砖。

（6）清理。为保持墙面整洁,每砌十皮砖应进行一次墙面清理,当该楼层墙体砌筑完后,应进行落地灰的清理。

（7）勾缝。勾缝是清水墙的最后一道工序,具有保护墙面和美化墙面的作用。内墙或混水墙可采用砌筑砂浆随砌随勾缝,称为原浆勾缝。清水墙应采用1:(1.5~2)水泥砂浆勾缝,称为加浆勾缝。勾缝应横平竖直,深浅一致,横竖缝交接处应平整,表面应充分压实赶光。缝的形式有凹缝和平缝等,凹缝深度一般为 4~5 mm。勾缝完毕,应清理墙面。

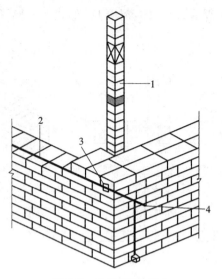

图 8.6　皮数杆示意图

1—皮数杆;2—准线;3—竹片;4—铁钉

2)技术准备

(1)实砌时横平竖直、砂浆饱满、上下错缝、接槎可靠。

(2)240 mm 正墙第一皮砖必须全部放置丁砖。

3)安全准备

在操作过程中要求佩戴安全帽和手套。

4)操作准备

根据项目要求填写表 8.1。

表 8.1　操作准备表

工具与设备			材料			人员		
序号	名称	数量	序号	名称	数量	序号	名称	数量
1			1			1		
2			2			2		
3			3			3		
4			4			4		

4. 操作步骤

1)操作步骤及要点

操作步骤:识图→放线→干摆→拌浆→实砌→质检→清场。

操作要点:放线时要求按照已定轴线放出墙身线,直角处必须同时砌筑;干摆时要求每种组砌方式都要摆一遍,控制灰缝大小;砂浆拌制要求控制黏稠度;实砌时站位正确,动作正确,三皮一吊,五皮一靠。

评分完成后,将该项目拆除,废砂浆集中收集,砖统一放置,排放整齐,减少损坏。

2）安全与保障措施

每发现一次不戴安全帽和手套，该项目扣 5 分。严禁出现安全事故及安全隐患。

5. 质量评价与验收

（1）评价方式_____（学生自评、学生互评、教师点评等）。

（2）根据项目要求填写表 8.2。

表 8.2　质量评价与验收表

序号	检查项目	质量标准	检查方法	标准分	评价
1	组砌方式	组砌方式正确，上下错缝，内外搭接	观察法	5	
2	墙面垂直度	误差：±10 mm 以内，扣 5 分；±10 ~ ±20 mm，扣 10 分；±20 mm 以外，不得分	用水平尺、塞尺	15	
3	墙面平整度	误差：±5 mm 以内，扣 5 分；±5 ~ ±10 mm，扣 10 分；±10 mm 以外，不得分	用水平尺、塞尺	15	
4	水平灰缝	误差：±5 mm 以内，扣 5 分；±5 ~ ±10 mm，扣 10 分；±10 mm 以外，不得分	拉线尺量	15	
5	竖直灰缝	误差：±5 mm 以内，扣 5 分；±5 ~ ±10 mm，扣 10 分；±10 mm 以外，不得分	拉线尺量	15	
6	外观尺寸	误差：±10 mm 以内，扣 5 分；±10 ~ ±20 mm，扣 10 分；±20 mm 以外，不得分	尺量	10	
7	工效	每少砌一皮砖，扣 3 分	观察法	15	
8	安全及场地	有安全事故及不戴安全帽的，不得分；场地不整洁的，酌情扣分	观察法	10	

评定结果：

签字　　　　年　月　日

参考文献

[1] 中国建筑标准设计研究院. 混凝土结构施工图平面整体表示方法制图规则和构造详图（现浇混凝土框架、剪力墙、梁、板）:16G101—1[S].北京:中国计划出版社,2016.

[2] 中国建筑标准设计研究院. 混凝土结构施工图平面整体表示方法制图规则和构造详图（现浇混凝土板式楼梯）:16G101—2[S].北京:中国计划出版社,2016.

[3] 中国建筑标准设计研究院. 混凝土结构施工图平面整体表示方法制图规则和构造详图（独立基础、条形基础、筏形基础、桩基础）:16G101—3[S].北京:中国计划出版社,2016.

[4] 中国建筑标准设计研究院. 混凝土结构施工钢筋排布规则与构造详图（现浇混凝土框架、剪力墙、梁、板）:18G901—1[S].北京:中国计划出版社,2018.

[5] 中国建筑标准设计研究院. 混凝土结构施工钢筋排布规则与构造详图（现浇混凝土板式楼梯）:18G901—2[S].北京:中国计划出版社,2018.

[6] 中国建筑标准设计研究院. 混凝土结构施工钢筋排布规则与构造详图（独立基础、条形基础、筏形基础、桩基础）:18G901—3[S].北京:中国计划出版社,2018.

[7] 建设部职业技能岗位鉴定指导委员会. 钢筋工[M].北京:中国建筑工业出版社,1998.

[8] 中华人民共和国住房和城乡建设部. 建筑工程施工质量验收统一标准:GB 50300—2013[S].北京:中国建筑工业出版社,2014.

[9] 中华人民共和国住房和城乡建设部. 建筑地基基础工程施工质量验收标准:GB 50202—2018[S].北京:中国计划出版社,2018.

[10] 中华人民共和国住房和城乡建设部. 砌体结构工程施工质量验收规范:GB 50203—2011[S].北京:中国建筑工业出版社,2011.

[11] 中华人民共和国住房和城乡建设部. 混凝土结构工程施工质量验收规范:GB 50204—2015[S].北京:中国建筑工业出版社,2015.

[12] 中华人民共和国国家质量监督检验检疫总局. 通用硅酸盐水泥:GB 175—2007[S].北京:中国标准出版社,2008.

[13] 中华人民共和国国家质量监督检验检疫总局. 水泥标准稠度用水量、凝结时间、安定性检验方法:GB/T 1346—2011[S].北京:中国标准出版社,2012.

[14] 中华人民共和国建设部. 普通混凝土力学性能试验方法标准:GB/T 50081—2002[S].北京:中国建筑工业出版社,2003.

[15] 中华人民共和国住房和城乡建设部. 普通混凝土配合比设计规程:JGJ 55—2011[S].

北京:中国建筑工业出版社,2011.

[16] 中华人民共和国国家质量监督检验检疫总局. 金属材料 弯曲试验方法:GB/T 232—2010[S]. 北京:中国标准出版社,2011.